KB206081

우리들의
후쿠오카
여행

우리들의 후쿠오카 여행

초판 1쇄 발행 2024년 11월 1일

지은이 양미석
기획 신미경
편집 송지영 신미경
교정교열 박성숙
디자인·일러스트 이응셋 이예연 정우진
표지 사진 임남은
마케팅 블랙타이거 히응
인쇄 미래피앤피
용지 월드페이퍼

펴낸곳 노트앤노트
등록 2022년 2월 14일 제2022-000052호
주소 서울시 마포구 양화로8길 17-28 270호
이메일 admin@noteandknot.com
인스타그램 @noteandknot
팟빵 노트앤노트앤모어

ISBN 979-11-978804-9-0 14980
979-11-978804-2-1 14980(set)

이 책의 제안 내용과 오탈자 제보 등은 QR코드로
연동되는 문서에 작성 바랍니다.

우리들의
후쿠오카
여행

· The Essential ·

양미석 지음

note & knot

萬福
TAKOYAKI
500
OCTPUS
たこやき
んちゃき
500
10コ ¥600
店内飲食中止
こやき
OCTPUS
¥500
みんちやき
MEAT
8コ ¥500
10コ ¥600
MINCHIYAKI

비로소 찾은 나의 여행지 후쿠오카

20년 가까이 일본을 옆 동네 드나들 듯했으면서도 좀처럼 방문할 기회가 없었던 도시 후쿠오카. 짧은 비행은 별 감흥이 없었지만 공항에서 숙소가 있는 하카타까지 지하철로 단 5분 만에 도착했을 땐 '어라 괜찮은데?' 싶었고, 늦은 저녁으로 하카타 잇코샤의 돈코츠 라멘을 먹었을 땐 '어? 나 지금까지 왜 후쿠오카에 안 왔지?'가 되어버렸습니다. 두 달가량 후쿠오카에 머물렀고, 지도를 보지 않아도 시내를 걸을 수 있는 사람이 되었을 때 열흘 동안 초행자인 남편을 안내했습니다. 엉덩이에 땀띠가 날 것 같은 계절 내내 사랑하는 사람을 안내하는 마음으로 책을 썼습니다. 일본은 익숙하지만 후쿠오카는 익숙하지 않았기에 모든 게 걱정되고 어색한 여행자의 심정을 더욱 잘 이해할 수 있었고 제일 좋은 거, 제일 맛있는 거, 제일 편한 거 꼼꼼하게 알려주고 싶었습니다.

"작가님 우리 같이 해요"라고 꼬드겨준 노트앤노트의 대표이자 무한히 신뢰하는 동료 mick님, 날것의 글과 사진을 멋지게 다듬어주신 편집자님, 교정자님, 디자이너님, 책을 만들고 판매하는 과정에 함께해주신 모든 분, 감사합니다. 항상 아낌없는 응원을 보내주는 가족들과 하늘에 계신 할아버지와 할머니 감사합니다. 그리고 저자의 말까지 꼼꼼하게 읽어주신 독자님들, 덕분에 계속해서 가이드북을 쓰고 있습니다. 진심으로 감사드립니다.

곧 다시 찾을 후쿠오카를 생각하며,
양미석

Perfect Guide

이 책을 읽는 방법

『우리들의 후쿠오카 여행』은 여행 전문 출판사 노트앤노트가 처음으로 선보이는 핸드북입니다. 가이드북 시리즈 〈우리들의 여행〉의 두 번째 책이기도 하지요. 후쿠오카는 가볍게 훌쩍 떠날 수 있는 여행지이기에 자연스레 핸드북의 형태를 고안했고, 리피터가 많은 도시인 만큼 꼭 필요한 정보를 더 알차게 담는 방식으로 새롭게 지면을 채웠습니다.

스폿 분류

- 관광
- 미식
- 쇼핑
- 온천

스폿 정보

- 웨이팅 지수
- 주소
- 찾아가는 법
- 운영시간
- 휴무일
- 요금 및 가격
- 홈페이지
- 인스타그램
- 지도 위치
- 예약 가능 여부

교통

- 지하철
- JR
- 사철
- 공항
- 버스 터미널
- 여객 터미널

수작업으로 소장 가치 UP!

일반적으로 표지의 앞날개는 한 번만 접히지만 이 책은 수작업 공정을 거쳐 두 번 접지했습니다. 표지는 양면 인쇄하여 정보량을 높였습니다.

긴 앞표지를 펼치면 안쪽에 후쿠오카 시내 지도가 등장합니다.

앞표지 안쪽 | 뒤표지 안쪽

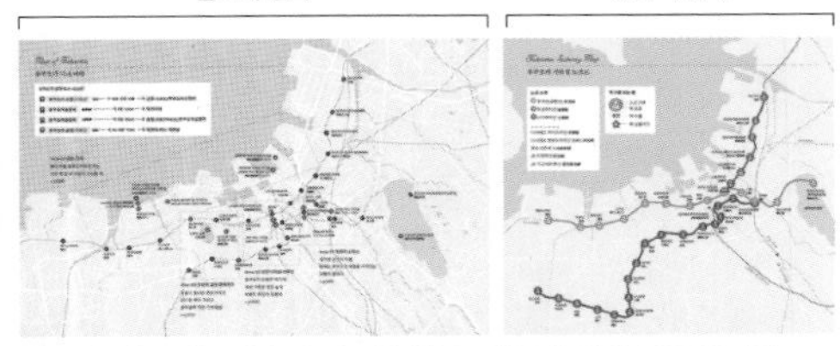

뒤표지 안쪽에는 후쿠오카 지하철 노선도가 있어 유용합니다.

진심을 담아 추린 100개의 맛집
일본 전문 여행작가가 일본 현지 맛집 평가 서비스 타베로그와 구글 지도의 평점, 리뷰를 두루 분석하고 직접 방문한 후 가장 최신 정보를 책에 실었습니다.

맛집 웨이팅 지수
미식 스폿에 표시한 웨이팅 지수를 참고하면 짧은 여행 일정을 효율적으로 관리할 수 있습니다. 예약이 가능한 곳, 현금만 받는 곳 정보도 놓치지 마세요.

⧗⧗⧗ 혼잡, 예약 필수
⧗⧗⧖ 조금 붐빔, 예약 권장
⧗⧖⧖ 회전율 빠름, 워크인 가능

가장 상세한 여행 준비 편
후쿠오카뿐 아니라 일본 여행을 종종 하는 독자, 떠날 때마다 출국 정보를 검색하는 여행자를 위해 여행 준비의 단계별로 상세한 정보를 실었습니다.

일러두기
· 국립국어원 외래어 표기법에 따르면 어두에 파열음이 위치한 경우 예사소리로 적는 것이 원칙이나, 이 책에선 현지 발음에 가깝게 ㅋ, ㅌ으로 표기했습니다. 단, 인명의 경우 관용적 표기를 사용했습니다.
· 스폿 정보, 즉 주소, 운영시간, 요금과 가격 등은 공식 홈페이지 정보를 기준으로 실었습니다. 일본의 소비세는 10%로 일부 음식점이나 상점의 경우 소비세를 포함하지 않은 가격을 적어두기도 합니다.
· 이 책은 2024년 9월까지 수집한 정보를 기준으로 하며, 현지 사정에 따라 정보가 변경될 수 있습니다.

Contents

차례

Part 01

우리가 후쿠오카로 떠나는 이유

Part 02

우리들의 후쿠오카 여행

우리들의 첫 번째 여행지

하카타·나카스

우리들의 두 번째 여행지

텐진·다이묘·야쿠인

우리들의 세 번째 여행지

오호리 공원·롯폰마츠

우리들의 네 번째 여행지

항만 지역

Part 03
후쿠오카 근교 여행

Part 04

우리들의 여행 준비

차근차근 하나씩, 후쿠오카 여행 준비

더 편하고 유용하게, 일본 여행 애플리케이션

출국부터 다시 입국까지, 실전 후쿠오카 여행

Part 01

우리가
후쿠오카로
떠나는 이유

About Fukuoka

후쿠오카는 어떤 도시일까

후쿠오카는 일본, 아니 해외 자유여행이 처음인 사람에게 첫 번째 여행지로 자신 있게 추천할 수 있는 목적지다. 한번 빠지면 계속 후쿠오카만 가게 된다고 해서 '또쿠오카'란 별명까지 얻은 도시, 여행지로서 후쿠오카의 매력은 무엇일까?

뛰어난 접근성

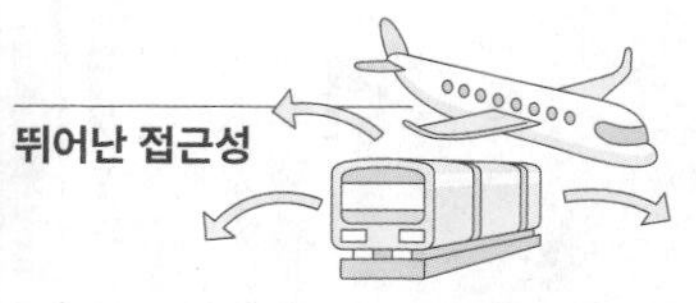

김해 공항에서 후쿠오카 공항까지 비행시간은 1시간, 인천 공항에서 출발해도 1시간 30분이면 된다. 또한 후쿠오카 공항에서 도심인 하카타까지 지하철로 5분이면 갈 수 있고, 후쿠오카 시내와 근교 도시를 연결하는 교통편도 매우 편리하다.

음식에 진심

인구수는 전국 8위, 인구밀도는 전국 7위인데 음식점 수는 전국 5위이며 그중 포장마차 개수는 전국 1위를 자랑한다. 전국 어디에서든 비슷한 맛을 내는 음식점은 도쿄나 오사카에 더 많을지 모르지만, 후쿠오카엔 오로지 후쿠오카에서만 먹을 수 있는 음식을 내는 가게가 많고 후쿠오카에서 출발해 전국으로 뻗어나간 가게들도 만날 수 있다.

좁아서 오히려 편리한 도시

공항에서 도심까지 지하철로 5분, 도심 내 이동 시간도 20분을 넘지 않는다. 그 구역 안에 명소, 음식점, 쇼핑 공간 등이 밀도 있게 꽉 들어차 있다. 볼거리가 적어 아쉬울 수 있지만 일정이 짧은 사람, 해외여행이 익숙지 않은 사람에겐 오히려 적당한 규모라고 할 수 있다.

가끔 여기가 한국인가 싶다가도-

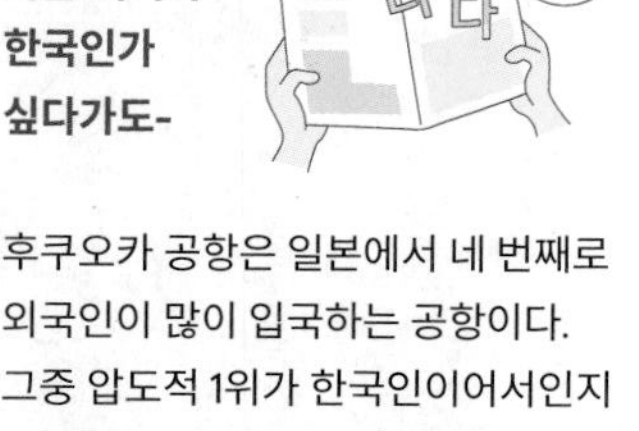

후쿠오카 공항은 일본에서 네 번째로 외국인이 많이 입국하는 공항이다. 그중 압도적 1위가 한국인이어서인지 다른 도시보다 한국어 안내가 잘되어 있다. 공항, 역 등 공공시설은 물론 한국어 메뉴판을 비치한 음식점의 비율이 높고, 쇼핑몰에서도 중국어보다 한국어로 먼저 안내하는 도시가 바로 후쿠오카다.

국가/언어

일본(日本)/일본어

비자

관광 목적으로 입국하는 한국인은 무비자로 90일까지 체류 가능해 매우 편리하다.

시차

없음

전압/어댑터

100V(어댑터 필요)

통화

엔 ¥(환율 100엔 = 약 929.25원)

*환율 출처: 한국은행 경제통계시스템, 2024년 9월 평균 환율

전화

· 일본 국가 번호 +81
· 후쿠오카현 후쿠오카시 지역 번호 092

물가

· 지하철 기본요금 ¥210
· 편의점 녹차 600mℓ ¥108
· 스타벅스 아메리카노 톨 ¥475
· 맥도날드 빅맥 세트 ¥750

와이파이

한국보다 속도는 느리지만 호텔, 쇼핑몰, 음식점, 전철역 등 시내 곳곳에서 무료 와이파이를 이용할 수 있다.

긴급 연락처

영사콜센터(24시간)

+82-2-3210-0404

여행 중 여권 분실, 사고 등 긴급 상황이 발생한 경우 현지 재외공관의 도움을 받을 수 있다. 영사콜센터 무료 전화 애플리케이션이 있으며 카카오톡과 라인으로 상담 서비스도 제공한다.

영사관

주 후쿠오카 대한민국 총영사관

福岡県福岡市中央区地行浜1-1-3 지하철 토진마치역 1번 출구에서 도보 12분 09:00~18:00(점심시간 12:00~13:15) 주말, 삼일절, 광복절, 개천절, 한글날, 일본의 공휴일 및 연말연시 영사, 민원업무 +81-92-771-0461~2, 긴급 연락처(근무시간 외 휴일 및 야간) 080-8588-2806 overseas.mofa.go.kr/jp-fukuoka-ja/index.do

Fukuoka Travel Info

후쿠오카 여행 언제 떠날까

후쿠오카의 날씨는 어떨까

후쿠오카는 우리나라의 남부 지방과 기후가 비슷하다. 사계절이 뚜렷하고 대체로 기후가 온화한 편이다. 한겨울에도 영하로 떨어지는 날이 거의 없지만 한여름엔 높은 기온과 습도 때문에 불쾌지수가 상당히 높다. 6월 중순부터 7월 중순까지 약 한 달은 장마 기간이다.

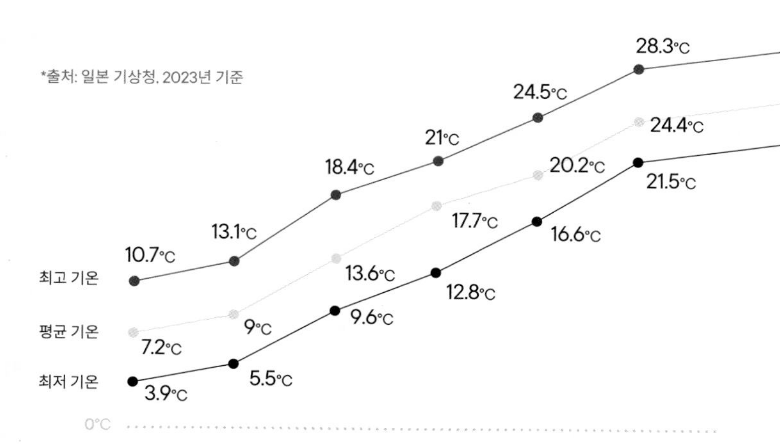

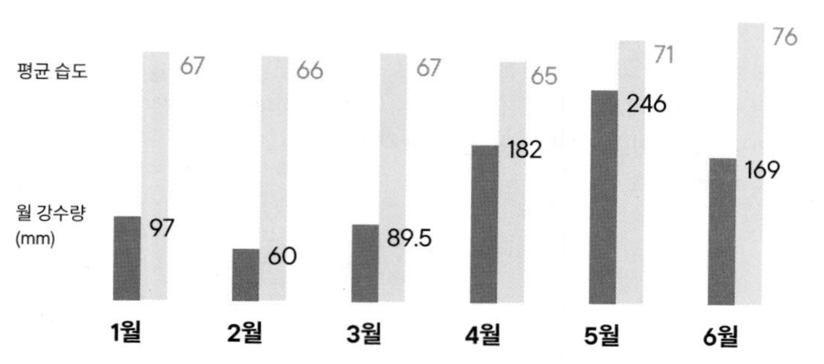

공휴일을 피하는 것도 방법!

일본에서는 공휴일을 '축일(祝日)'이라고 한다. 축일이 일요일 등 원래 휴일인 날과 겹치면 그다음 날을 대체 공휴일로 지정해 쉰다. 성인의 날 등 몇몇 축일은 매년 일자가 달라진다. 축일이 몰려 있는 4월 말에서 5월 초의 '골든 위크' 기간에는 일본 어딜 가든 붐빈다. 연말연시에도 약 일주일간 쉬며, 이때는 여행을 떠나기보다는 대청소를 하고 가족과 새해를 맞이하는 사람이 많다.

Tips. 일본의 공휴일 *2025년 기준

1월 1일 설날
1월 13일 성인의 날(1월 둘째 월요일)
2월 11일 건국기념일
2월 23일 일왕 탄생일
3월 20일 춘분의 날
4월 29일 쇼와의 날
5월 3일 헌법기념일
5월 4일 녹색의 날
5월 5일 어린이날
7월 21일 바다의 날(7월 셋째 월요일)
8월 11일 산의 날
9월 15일 경로의 날(9월 셋째 월요일)
9월 23일 추분의 날
10월 13일 스포츠의 날(10월 둘째 월요일)
11월 3일 문화의 날
11월 23일 노동 감사의 날

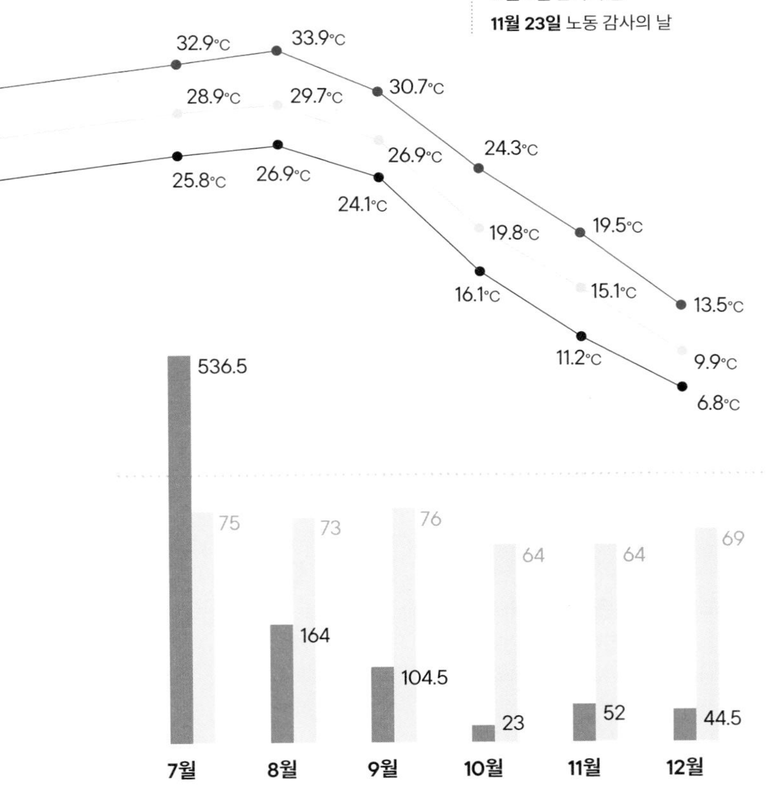

Map of Fukuoka

후쿠오카 시내 여행

후쿠오카 시내는 양대 도심인 하카타와 텐진 그리고 도심 속 휴식 공간인 오호리 공원 일대, 시내 중심에서 살짝 떨어진 항만 지역까지 총 4개 구역으로 나눌 수 있다. 후쿠오카는 일본에서 여섯 번째로 큰 대도시지만 도심은 넓지 않은 편이다.

❹ 항만 지역 ベイエリア

배를 타고 후쿠오카로 들어가면 하카타항에서 여행을 시작한다. 도심 서쪽에 위치한 모모치 해변에서 감상하는 노을이 특히 아름답다. »p.132

❸ 오호리 공원·롯폰마츠 大濠公園·六本松

텐진의 서쪽에 위치하며 오호리 공원, 마이즈루 공원, 후쿠오카 성터까지 함께 둘러볼 수 있다. 벚꽃이 필 때는 많이 붐비는 편이지만 그 외 시기엔 언제 방문하더라도 여유롭고 한적하다. »p.118

❶ 하카타·나카스 博多·中州

후쿠오카 공항에서 지하철로 단 5분! 후쿠오카 여행의 시작과 끝인 지역이다. 항구와 가까워 과거엔 상인의 마을이었는데, 후쿠오카 시내에선 드물게 지금도 구시가의 모습이 남아 있다. JR 하카타역 주변에 숙소, 쇼핑 시설, 음식점이 모여 있다. 하카타와 텐진 사이에 위치한 나카스에는 술집, 포장마차 등이 밀집되어 있다. »p.52

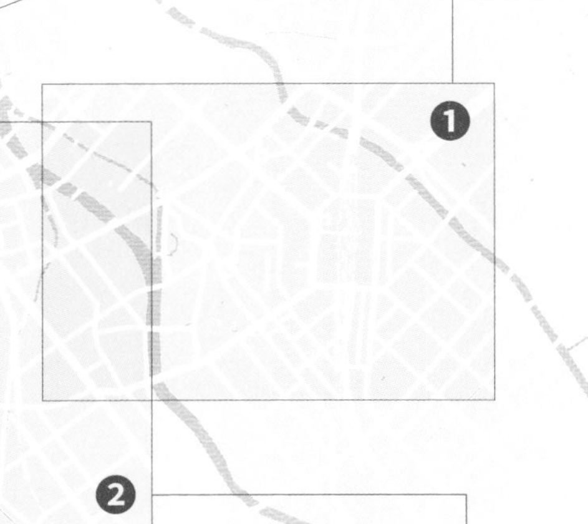

❷ 텐진·다이묘·야쿠인 天神·大名·薬院

텐진의 접근성은 하카타 못지않게 훌륭하다. 규모가 큰 쇼핑 시설뿐만 아니라 다이묘와 야쿠인 지역까지 크고 작은 편집 숍, 스트리트 브랜드 매장이 모여 있어 쇼핑을 즐기기에 좋다. »p.90

Map of Kyushu

후쿠오카 근교 여행

후쿠오카 여행의 매력은 각기 개성이 다른 큐슈의 소도시를 함께 둘러볼 수 있다는 점이다. 다자이후, 유후인, 벳푸, 모지코로 당일치기 소도시 여행을 떠나보자.

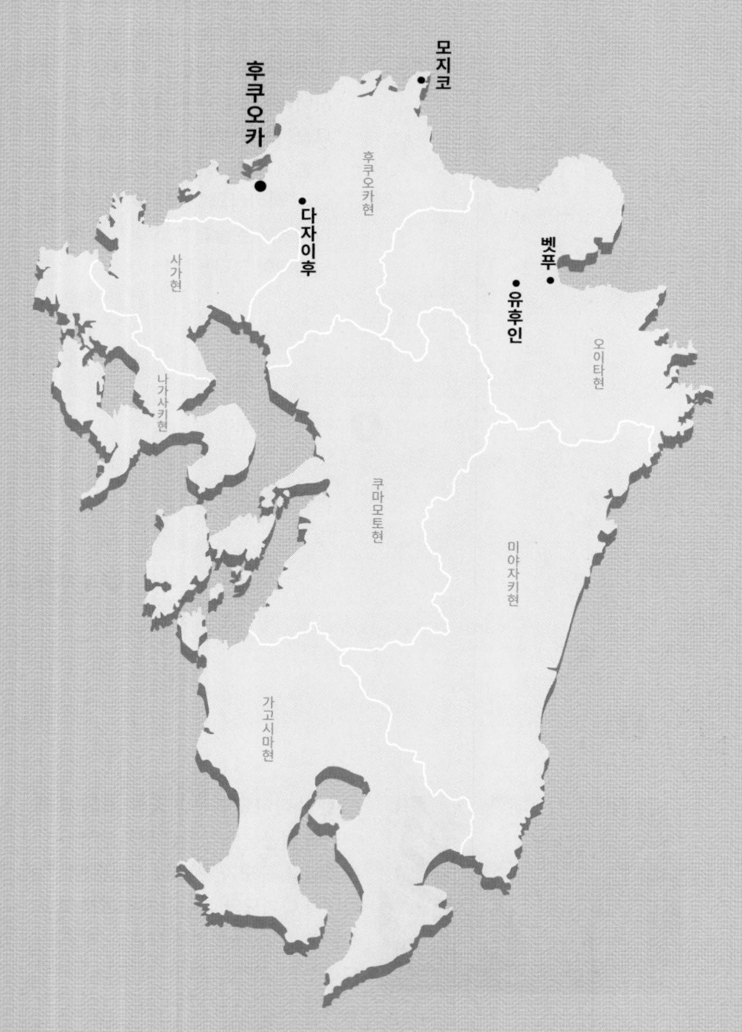

다자이후 大宰府

후쿠오카 시내에서 대중교통으로 30분이면 갈 수 있어 당일치기 여행지로 가장 인기가 많다. 학문의 신을 모시는 다자이후텐만구, 일본에서 손꼽히는 박물관 중 하나인 큐슈 국립 박물관이 있어 1년 내내 많은 이가 방문한다.
»p.150

유후인 湯布院

후쿠오카 근교 온천 여행지 중 우리나라 여행자가 가장 사랑하는 곳이다. 한적한 시골 마을이라 한나절이면 다 둘러볼 수 있지만, 시간 여유가 있다면 온천이 딸린 숙소에 머물며 느긋한 하루를 보내는 것을 추천한다. »p.160

벳푸 別府

일본 최고의 온천수 용출량을 자랑한다. 원천의 다양한 형태를 볼 수 있는 '지옥 순례'는 온천 천국인 벳푸에서만 가능하다. 가마솥 지옥, 도깨비산 지옥 등 듣기만 해도 으스스한 온천의 분출구를 둘러보는 재미가 가득하다. »p.172

모지코 門司港

큐슈의 북쪽 끝에 자리한 항구도시. 과거에 상당히 번성한 무역항이었기 때문에 역사적 건축물이 많이 남아 있다. 모지코의 명물인 '구운 카레'도 꼭 먹어보자. 배를 타고 5분 거리인 혼슈 지방의 시모노세키까지 둘러본다면 금상첨화. »p.184

Fukuoka Soul Food

벌써 행복해지는 후쿠오카 음식 여행

후쿠오카에서 시작된 많은 요리를 이제는 일본 어디에서나 쉽게 먹을 수 있지만, 그래도 본토의 맛은 역시 다르다. 후쿠오카에 가면 꼭 먹어봐야 하는 후쿠오카의 솔 푸드(Soul Food)로는 무엇이 있을까?

멘타이코 明太子

부산에서 태어난 일본인이 초량시장에서 먹었던 명란젓의 맛을 잊지 못해 일본인의 입맛에 맞게 간을 한 후 하카타에서 팔기 시작한 게 오늘날 '카라시멘타이코(辛子明太子)'라고 불리는 일본식 명란젓의 기원이다. 일본에서 소비되는 명란젓의 약 70%를 후쿠오카에서 생산하고, 세대당 명란 구입량은 일본 평균의 3배가 넘을 정도로 후쿠오카의 명란젓 사랑은 대단하다.

»멘타이 요리 하카타 쇼보안 p.71, 키스이마루 p.71

하카타 라멘 博多ラーメン

돼지 뼈를 우려 국물을 내는 돈코츠 라멘 중 가장 유명하다. 하카타 라멘의 특징 중 하나는 아주 얇은 면발. 주문할 때 면의 삶기 정도를 물어보는 가게가 많은 것도 하카타 라멘만의 독특한 점이다. 현지인의 80% 이상이 살짝 덜 익은 식감을 선호한다. 이치란, 하카타 잇푸도 등은 하카타에서 시작해 일본 전국에 지점을 낼 정도로 유명해졌다. 후쿠오카 시내에서만 영업하는 라멘집들은 대체로 국물이 더 녹진하다.

»멘야가가 p.99, 하카타 라멘 신신 p.100

모츠나베 もつ鍋

제2차 세계 대전 이후 소나 돼지의 내장과 채소를 함께 끓여 먹은 데서 유래했다. 초기엔 간장 양념이 주를 이뤘고 지금은 된장으로 간을 하는 가게가 많다. 건더기를 어느 정도 먹고 남은 국물에 꼬불꼬불한 짬뽕 면을 넣어 식사를 마무리하는 게 하카타 스타일. 내장을 살짝 데친 후 상큼하게 양념한 스모츠(酢もつ) 역시 후쿠오카 사람들이 사랑하는 내장 요리 중 하나다. »하카타 모츠나베 마에다야 p.77

고마사바 ごまさば

고등어회에 참깨를 듬뿍 넣고 간장 소스로 무치는 요리. 지방이 풍부한 고등어는 생으로 먹기 쉽지 않은 생선인데 하카타만과 도심이 가까워 고등어를 신선한 상태로 유지할 수 있다. 후쿠오카 사람들은 술안주로도, 밥반찬으로도 고마사바를 즐긴다.

»하카타 고마사바야 p.98

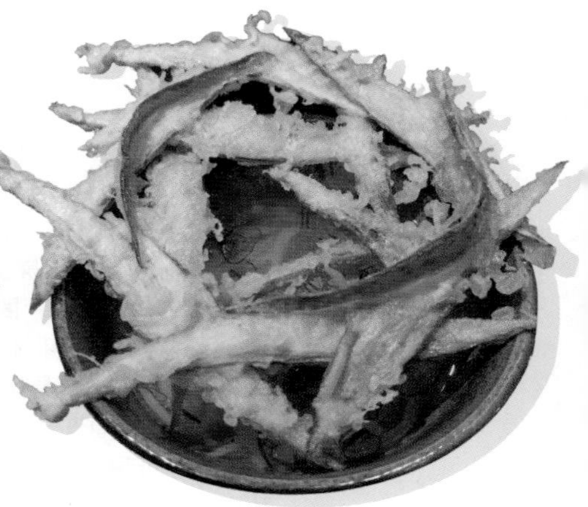

하카타 우동 博多うどん

하카타 우동은 다른 지역의 우동에 비해 부드러운 면이 특징이다. 면의 모양과 굵기가 우리나라의 칼국수와 비슷하다. 차가운 우동보다는 따듯한 우동을 즐겨 먹고, 가장 인기 있는 고명은 우엉 튀김인 고보텐(ごぼう天). 고기 우동도 인기가 많다.

»우동 타이라 p.72

미즈타키 水炊き

일체의 양념 없이 닭만 푹 삶아 감칠맛을 낸다. 닭 육수에 채소, 두부 등을 샤브샤브처럼 익혀 먹으며, 전문점에서 코스로만 주문이 가능하기 때문에 가격이 좀 비싼 편이다. 먹는 내내 국물이 끓는 냄비에는 간을 하지 않고 건더기는 폰즈(ポン酢), 유즈코쇼 등에 찍어 먹는다. 우리나라의 닭 한 마리보다 담백하다.

»하카타 미즈타키 하마다야 p.74

아마오우 딸기 あまおう

'딸기의 왕'이라 불리는 아마오우는 후쿠오카현에서만 재배한다. 제철은 1월 중순부터 3월 말까지이고 1월부터 2월 사이가 가장 맛있다. 이 시기에 후쿠오카에 방문하면 아마오우가 들어간 파르페, 케이크 등 한정 상품을 맛볼 수 있다. 슈퍼마켓이나 백화점의 식품관에서도 쉽게 구할 수 있다.

»스즈카케 p.85, 조스이안 p.85

유즈코쇼 柚子胡椒

유즈는 '유자', 코쇼는 '후추'를 뜻하지만 유즈코쇼는 유자후추가 아니다. 코쇼는 큐슈 사투리로 고춧가루를 뜻하고, 유즈코쇼는 후쿠오카를 비롯해 큐슈 지방 어디에서든 쉽게 볼 수 있는 조미료다. 유자의 껍질을 다진 후 고춧가루와 소금을 넣어 숙성시킨다. 풋고추를 넣기 때문에 녹색을 띠어 고추냉이와 착각하는 경우도 있다. 큐슈 지방에선 유즈코쇼를 야키토리, 어묵, 회 등 다양한 음식에 곁들여 먹는다.

야키토리 焼き鳥

일본식 닭꼬치 요리로, 후쿠오카는 일본에서 인구 대비 야키토리 전문점이 가장 많다. 야키토리 가게에 가면 우선 폰즈를 뿌린 양배추부터 내어준다. 채친 양배추가 아닌 아삭아삭 씹는 식감이 살아 있도록 투박하게 썰었다. 가장 인기 있는 건 단연 닭 껍질(とり皮)이다. 겉은 튀긴 것처럼 바삭하고 속은 쫀득한데, 소금으로만 간을 한다.

»토리카와 야키토리 미츠마스 p.103

가볍게 후쿠오카 쇼핑 여행

낮은 환율, 저렴한 항공권, 짧은 비행시간 덕분에 일본의 다른 도시라면 조금 무모하지만 후쿠오카라면 당일치기 쇼핑 여행도 가능하다. 어디서 어떤 물건을 어떻게 사야 야무지게 쇼핑했다고 소문이 날까.

»외국인 여행자를 위한 면세 혜택 p.228

백화점

몇몇 명품 브랜드 제품의 경우 한국보다 저렴하고 쿠폰 할인, 면세까지 받으면 항공권 가격 이상을 절약할 수 있다. 또한 후쿠오카 특산물을 한자리에서 만날 수 있는 지하의 식품관도 둘러보는 재미가 있다. 접근성이 가장 좋은 곳은 하카타 한큐 백화점, 규모가 가장 큰 곳은 이와타야 백화점 본점.

Tips. 모든 혜택은 여권을 제시해야만 받을 수 있다.

백화점	외국인 여행자 대상 혜택
하카타 한큐 백화점 @하카타	5% 할인 쿠폰, 발행 후 7일 동안 횟수 제한 없이 사용 가능(일부 브랜드 제외), 1층 안내 데스크에서 발행
이와타야 백화점 본점 @텐진	5% 할인 가능한 게스트 카드(일부 브랜드 제외), 미츠코시 백화점과 공통 사용, 유효기간 3년, 신관 7층 면세 카운터에서 발급
후쿠오카 미츠코시 백화점 @텐진	할인 혜택은 이와타야 백화점과 동일, 지하 2층 면세 카운터에서 발급
다이마루 후쿠오카 텐진점 @텐진	화장품 일부 브랜드 5% 할인

쇼핑몰

접근성이 제일 좋은 곳은 JR 하카타역 안에 있는 아뮤 플라자 하카타, 규모가 가장 크고 볼거리가 많은 곳은 2022년 문을 연 라라포트 후쿠오카. 캐널시티 하카타에는 아웃도어, 스포츠 브랜드 매장이 특히 많고, 후쿠오카 파르코에는 애니메이션, 캐릭터 관련 매장이 많다.

Tips. 매장마다 외국인 여행자 대상 면세 가능 여부가 다르다.

돈키호테

드러그스토어, 슈퍼마켓, 백화점의 일부 매장을 합친 형태의 쇼핑 공간이다. 역 근처 등 번화가에 매장이 있고 다양한 상품을 한자리에서 쇼핑할 수 있다는 게 돈키호테의 가장 큰 장점. 하지만 최근엔 가격이 많이 오르고 바쁜 시간대의 점원 응대가 불만족스럽다는 후기가 많다. 후쿠오카 도심엔 나카스카와바타역 바로 앞과 텐진에 있다.

Tips. 저녁 식사 시간 이후에 매우 붐비고, 특히 면세 계산대에서 1시간 이상 줄을 서는 일도 있으니 오전 중에 방문하는 걸 추천한다.

슈퍼마켓

식료품 쇼핑에는 역시 슈퍼마켓만 한 곳이 없다. 정찰제가 아니라서 슈퍼마켓마다 가격이 다르고 세일 품목도 기간에 따라 다르다. 후쿠오카 도심에 위치한 슈퍼마켓 중 비교적 규모가 크고 접근성이 좋은 슈퍼마켓 세 곳의 특징은 다음과 같다.

Tips. 저녁 마감 시간 전엔 도시락 같은 즉석 조리 식품을 할인한다.

매장	특징
로피아 하카타요도바시점 @하카타	즉석 조리 식품이 매우 다양함. 다른 슈퍼마켓보다 저렴한 품목이 많음. 현금 결제만 가능. 면세 불가능.
맥스밸류 익스프레스 하카타기온점 @하카타	24시간 운영.
이온 쇼퍼즈 후쿠오카점 @텐진	같은 건물(미나 텐진) 1층의 드러그스토어와 합산해서 면세 가능. 구매 금액과 상관없이 외국인 여행자에게 5% 할인 혜택 제공. 이온뱅크 ATM 이용 가능.

편의점

현재 일본에서 매장 수가 가장 많은 편의점은 세븐일레븐이고 다음으로 패밀리마트, 로손 순이다. 편의점 브랜드마다 주력 상품이 다르지만 커피와 디저트는 웬만한 전문점 못지않게 맛이 좋다. 일부 신용/체크 카드, 카카오페이 등의 할인 이벤트도 자주 있으니 방문 전에 확인하자. 세븐일레븐에는 세븐뱅크 ATM, 지점 수가 적지만 미니스톱에는 이온뱅크 ATM이 있다.

Tips. 세븐일레븐에서만 맛볼 수 있는 과채 스무디는 아침 식사 대용으로 추천.

드러그스토어

시내 곳곳에 마츠모토키요시, 다이코쿠드러그, 코코카라화인 등 다양한 드러그스토어가 있다. 의약품과 식료품을 함께 쇼핑할 수 있다는 게 장점. 정찰제가 아니라서 매장마다 가격이 다르다. 지하철 텐진미나미역 바로 앞에 있는 다이코쿠드러그 텐진미나미점이 규모가 크다.

Tips. 수시로 할인 쿠폰 등을 발급하니 쇼핑 전에 미리 찾아보자.

Fukuoka Shopping List

여행을 추억하는 후쿠오카 기념품

후쿠오카 여행을 더욱 특별한 추억으로 만들어줄 '메이드 인 후쿠오카' 기념품을 한데 모아보았다.

* 개수는 한 상자에 들어 있는 상품 수다. 일부 제품의 가격은 면세점 기준.

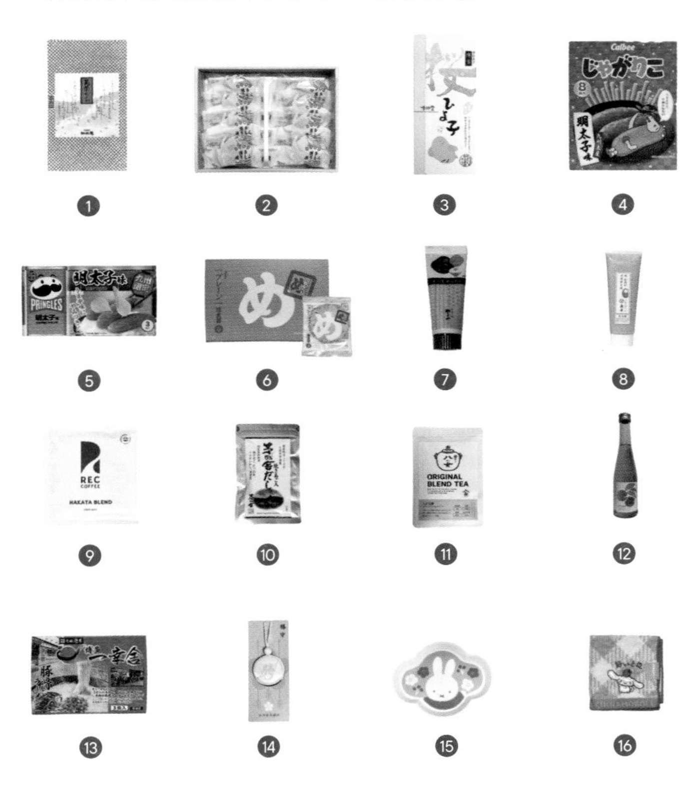

01 **조스이안 츠쿠시모치** 9개 ¥1,701
02 **하카타 토오리몬** 8개 ¥1,149
03 **명과 히요코 만쥬** 12개 ¥1,820
04 **쟈가리코 명란젓맛** ¥924
05 **프링글스 명란젓맛** ¥880
06 **후쿠타로 멘베이 플레인** 16개 ¥1,200
07 **야마야 명란젓** ¥700
08 **시마모토 명란마요네즈** ¥460
09 **렉 커피 드립백** ¥190
10 **쿠바라혼케 카사노야 다시팩** ¥453
11 **앤드로컬스 야에차** ¥350
12 **앤드로컬스 매실주(우메슈)** ¥1,200
13 **잇코샤 라멘 밀키트** 3개 ¥1,350
14 **다자이후텐만구 오마모리** ¥1,000
15 **다자이후 한정 미피 접시** ¥990
16 **손수건** ¥ 550

One Day Bus Tour

당일치기 소도시 버스 투어

후쿠오카 시내와는 색깔이 확실히 다른 근교 도시들이 있어 후쿠오카 여행이 더욱 풍성해진다. 특히 사랑받는 근교 여행지는 다자이후, 유후인, 벳푸, 모지코 등인데 그중 다자이후를 제외하면 후쿠오카 시내에서 편도 2시간 이상 걸리고 교통비도 비싸다. 여행 일정은 짧지만 근교 소도시까지 둘러보고 싶은 여행자를 위해 일일 버스 투어를 추천한다.

» 예약 플랫폼 : 마이리얼트립, 클룩, 네이버 스마트스토어

버스 투어 어떻게 고를까?

후쿠오카 시내에서 출발하는 당일치기 버스 투어는 코스, 소요시간에 따라 가격이 달라진다. 투어의 가장 큰 장점은 대중교통으로만 이동하면 시간이 빠듯한 코스를 하루 동안 둘러볼 수 있다는 점이다. 단점은 각 도시에 머무는 시간이 짧다는 것.

① 소요시간

하루에 여러 도시를 들르기 때문에 코스에 따라 8~10시간 정도 소요된다.

② 종료시간은 공지보다 여유 있게

주말이나 일본의 연휴 때는 차가 막혀 예상보다 늦은 시간에 후쿠오카 시내에 도착한다. 저녁 식사를 예약하고 싶다면 시간을 여유 있게 잡자.

③ 인기 코스 '다유벳'

우리나라 여행자가 가장 선호하는 코스는 다자이후, 유후인, 벳푸를 하루에 둘러보는 코스다. 유후인과 벳푸를 함께 둘러보는 투어, 유후인만 가는 투어, 유후인에서 출발하는 투어도 있다.

Course. 다자이후+유후인+벳푸

(오전 8시 30분 이전) 후쿠오카 시내에서 출발 → 다자이후 구경(약 1시간) → 유후인에서 자유 시간(약 3~4시간) → 유후인에서 벳푸로 가는 길에 유후다케에 잠시 정차 → 벳푸의 지옥 온천 중 가장 볼거리가 많은 '카마도 지옥'만 구경 → 후쿠오카로 복귀

④ 다자이후만 갈 경우 자유 여행 추천

후쿠오카에서 가깝고 교통비가 저렴한 다자이후는 버스 투어가 아니라 대중교통을 이용해 다녀오는 것도 그다지 어렵지 않다.

⑤ 출발시간이 가장 빠른 투어의 장점

여러 회사에서 비슷한 코스로 투어를 운영하다 보니 접선 장소에 인파가 몰릴 수밖에 없다. 후쿠오카에서 출발하는 시간이 빠른 투어를 선택하면 조금은 덜 붐빈다.

Tips. 버스 투어 이용 팁

① 관광버스를 타고 이동하기 때문에 짐칸에 슈트 케이스 등 큰 짐을 넣을 수 있다.

② 유후인, 벳푸에서 숙박하고 싶은 사람은 투어를 마치고 후쿠오카로 돌아오지 않아도 된다. 사전 조율이 필요하다.

당일치기 온천 여행

뜨거운 물에 몸을 담그고 하루 종일 쌓인 피로를 푸는 것도 일본 여행의 즐거움이다. 후쿠오카 근교에 일본 최고의 온천 명소로 꼽히는 유후인과 벳푸가 있어 온전히 온천을 즐기기 위해 후쿠오카를 방문하는 여행자도 많다. 물론 후쿠오카 시내에도 온천만 이용할 수 있는 시설이 있으니 한 번쯤 경험해보면 어떨까?

일본 온천 이용 시 주의 사항

① **사진·동영상 촬영 금지** : 탕 내부 및 탈의실 내 촬영은 엄격하게 금지한다.

② **입욕 전 샤워** : 탕에 들어가기 전 샤워는 필수다.

③ **개인 물품 보관** : 탕 입구 선반에 보관한다.

④ **입욕 시 주의사항** : 머리카락과 수건이 탕의 물에 닿지 않게 주의. 너무 오랜 시간 탕에 들어가 있지 말고 수시로 수분을 섭취한다.

⑤ **문신, 타투가 있는 경우** : 여러 사람이 함께 이용하는 탕에 들어갈 수 없다. 크기가 작은 문신을 스티커로 가리면 입장이 가능하지만, 온천마다 기준이 다르다. 객실에 딸린 개별 온천, 가족탕 등에 들어갈 땐 문제가 되지 않는다.

당일치기 온천 이용 방법

① **입실 절차** : 신발장에 신발을 넣고 신발장 열쇠를 카운터로 가져가 사물함 열쇠를 수령한다.

② **QR코드 사용법** : 사물함 열쇠에 있는 바코드나 QR코드는 온천 시설 내 음식점, 자판기 등을 사용할 때 제시한다.

③ **결제** : 사물함 열쇠를 반납할 때 온천 이용료와 식비 등을 한 번에 결제한다.

④ **이것만은 알아두자!**

· 가족탕은 미리 예약한다.

· 수건은 대부분 대여하거나 구매해야 하니 미리 준비하는 걸 추천한다.

작가 추천 당일치기 온천

나미하노유 온천 みなと温泉 波葉の湯

하카타항의 하카타 포트 타워 바로 옆에 있는 해수 온천 시설이다. 접근성이 좋아 숙소에 대욕장이 없는 여행자들이 많이 이용한다. 가족탕은 카운터에서 선착순으로 접수한다.

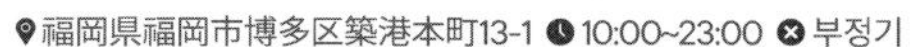

福岡県福岡市博多区築港本町13-1 10:00~23:00 부정기
중학생 이상 평일 ¥950, 주말·공휴일 ¥1,050, 3세 이상 ¥500, 가족탕(평일 90분, 주말·공휴일 60분, 중학생 이상 4명까지 이용 가능) ¥3,700, 수건 대여 ¥450 p.137-E

나카가와세이류 온천 源泉野天風呂 那珂川清滝

도심에서 떨어져 있지만 규모가 큰 편이고 자연 속에서 온천을 즐길 수 있다. 가족탕은 평일에 이용할 경우 홈페이지에서 예약할 수 있고, 주말엔 카운터에서 접수한다.

福岡県那珂川市南面里326 니시테츠오하시역(西鉄大橋)에서 무료 셔틀버스를 운행한다. 09:30 첫차를 시작으로 1시간에 1~2대 정도 다니며, 온천에서 역으로 돌아오는 막차는 21:20이다. 10:00~23:00 목요일 중학생 이상 평일 ¥1,200, 주말·공휴일 ¥1,400, 3세 이상 ¥600, 가족탕(50분, 중학생 이상 2명+3세 이상 3명까지 이용 가능) 평일 ¥3,300, 주말 ¥3,900, 바스 타월 대여 ¥250, 타월 세트 대여(바스+페이스 타월) ¥400 www.nakagawaseiryu.jp

후쿠오카 시내 대욕장을 갖춘 호텔

지역	호텔	홈페이지
하카타	**미츠이 가든 호텔 후쿠오카 기온**	www.gardenhotels.co.jp/fukuoka-gion/ko/
	더 블라썸 하카타 프리미어	www.jrk-hotels.co.jp/Hakata_premier/ko/index-ko/
	도미인 프리미엄 하카타 캐널시티마에 내추럴 핫 스프링	www.dormy-hotels.com/ko/
	호텔 훗케 클럽 후쿠오카	global.hokke.co.jp/fukuoka/ko/
	미야코 호텔 하카타	global.miyakohotels.ne.jp/hakata/ko
나카스	**미츠이 가든 호텔 후쿠오카 나카스**	www.gardenhotels.co.jp/fukuoka-nakasu/ko/
	호텔 비스타 후쿠오카	fukuoka-nakasukawabata.hotel-vista.jp/ja
	더 로열 파크 캔버스 후쿠오카 나카스	www.royalparkhotels.co.jp/en/canvas/fukuokanakasu/
텐진	**크로스 라이프 하카타 텐진**	crosslife-hakatatenjin.orixhotelsandresorts.com

Essential Phrases

일본 여행에 꼭 가져갈 문장 15개

저기요. (실례합니다. / 죄송합니다.)
스미마셍.
すみません。

예. / 아니요.
하이. / 이–에.
はい。/ いいえ。

고맙습니다.
아리가토–고자이마스.
ありがとうございます。

괜찮습니다.
다이조–부데스.
だいじょうぶです。

일본어를 (잘) 못합니다.
니홍고가 (아마리) 데키마셍.
にほんごが(あまり)できません。

여기로 가고 싶은데요.
코코니 이키타인데스가.
ここにいきたいんですが。

화장실이 어디인가요?
토이레와 도코데스카.
トイレはどこですか。

입어봐도 되나요? / 신어봐도 되나요?
키테미테모 이이데스카.
하이테미테모 이이데스카.
きてみてもいいですか。
はいてみてもいいですか。

이거(저거, 그거) 주세요.
코레(아레, 소레) 쿠다사이.
これ(あれ,それ)ください。

이거 좋네요.
코레 이이데스네.
これいいですね。

맛있네요.
오이시이데스네.
おいしいですね。

얼마예요?
이쿠라데스카.
いくらですか。

카드 사용할 수 있나요?(카드로 계산할 수 있나요?)
카–도 츠카에마스카.
カードつかえますか。

계산해주세요.
오카이케– 오네가이시마스.
おかいけいおねがいします。

짐을 좀 맡길 수 있을까요?
니모츠오 아즈케테모 이이데스카.
にもつをあずけても
いいですか。

* 여행이 즐거워지는 작고 가벼운 일본어 문장들은 클로브 출판사와 함께 『여행하는 일본어』(클로브 편집부 지음, 스미레 감수, 2024)에서 발췌했습니다.

Fukuoka for Bakers

베이커의 후쿠오카 빵지 순례

부산 광안리의 오래된 시장, 광안종합시장에는 조그마한 사워도우 전문 베이커리가 자리하고 있습니다. 이곳 '럭키베이커리'에서 폴폴 풍기던 빵 굽는 냄새가 멈춘 날이 있는데, 바로 크루 모두가 후쿠오카로 워크숍을 떠난 날이었죠. 후쿠오카에는 발효 빵을 비롯해 특색 있는 시그니처 빵을 선보이는 베이커리가 많습니다. 특히 명란이 유명한 후쿠오카인 만큼 명란 바게트는 꼭 맛보길 권해드리고 싶은데요. 우리나라와 달리 명란을 많이 익히지 않는다는 점이 색다르기 때문이죠. 그럼 여행의 맛을 찾아 후쿠오카 빵지 순례를 함께 떠나볼까요!

_럭키베이커리 주인장 **김아람**
instagram @_lucky_bakery

팽스톡 パンストック

후쿠오카 3대 빵집

다코메카(ダコメッカ), 블랑주(BOUL' ANGE)»p.84와 함께 후쿠오카 3대 빵집으로 불리는 곳. 텐진 중앙 공원 안에 있다는 점에 끌려 방문한 텐진점은 커피 카운티와 같은 공간을 사용한다. 가장 만족스러운 빵은 올리브가 콕콕 박힌 부드러운 안초비 빵. 기본 재료만으로도 풍미와 밸런스를 이룬다. »팽스톡 텐진점 p.104

아맘다코탄 アマム ダコタン

도쿄 아니고 후쿠오카가 본점

규모는 작지만 사워도우, 조리빵, 디저트가 진열대를 가득 채운다. 특히 샌드위치 가짓수가 많은데, 연근, 달걀말이 등 일본 식재료를 사용한 재료 조합이 신선하다. 도보 1분 거리의 카페 공간에서 취식할 수 있다.

롯폰마츠점 六本松店 福岡県福岡市中央区六本松3-7-6 지하철 나나쿠마선 롯폰마츠역 2번 출구에서 도보 6분 08:00~17:00 무휴 타마고산도 ¥281 amamdacotan.com aman_dacotan p.121-C4

스탠드 유미네코 요카 Stand Umineko Yoca

생맥주 한잔에 피로가 싹!

돈키호테 텐진점 뒷골목에 자리한 스탠딩 맥주 바. 크래프트 맥주만 '생'으로 판매하는 곳으로, 크래프트 맥주도 사워도우처럼 효모를 발효하고 숙성시켜 만드는 것이니 운명일 수밖에. 맛있게 마신 크래프트 맥주를 매장 냉장고에서 캔맥주로 발견하는 기쁨은 덤이다.

福岡県福岡市中央区今泉1丁目10-12 IONビル F1 지하철 나나쿠마선 텐진미나미역 1번 출구에서 도보 5분 월~금 17:00~23:00, 토 15:00~23:00, 일 14:00~22:00 무휴 크래프트 맥주(370ml) ¥1,000~1,300 stand_umineko_yoca p.94-C3 구글 지도 예약 가능

캠퍼의 후쿠오카 캠핑 숍 탐방

생각 없이 훌쩍 떠날 수 있는 해외여행지로 후쿠오카만 한 곳이 있을까요? 비행시간이 짧은 데다 작은 도시지만 즐길 거리가 촘촘합니다. 이번에는 캠핑 유튜브 채널에 출연하고 있는 남편을 위해 캠핑 숍을 찾았습니다. 후쿠오카에 여러 번 가봤지만 이렇게 규모가 큰 캠핑 숍까지 있을 줄이야. 하카타역에서 가까운 이시이스포츠와 캐널시티 하카타 안에 있는 알펜 후쿠오카, 이곳에선 여행의 기억에 캠핑의 추억까지 켜켜이 쌓아줄 물건을 분명 찾을 수 있을 거예요.

캠퍼 부부 **김지수·이승윤**
youtube @나는이승윤이다

알펜 후쿠오카 Alpen Fukuoka

캠퍼들의 개미지옥

쇼핑 천국 캐널시티 하카타의 남쪽 빌딩으로 가면 1층부터 3층까지 스포츠 및 아웃도어 용품을 판매하는 알펜 후쿠오카 매장이 있다. 캠핑 용품은 3층에 있는데 큰 규모임에도 카테고리별로 깔끔하게 구역이 나뉘어 있어 필요한 물건을 찾기 편하다.

»캐널시티 하카타 p.64

캐널시티 하카타 남쪽 빌딩 3층 캠핑 용품 매장

이시이스포츠 石井スポーツ

공항 가기 전에 들르기 좋은 캠핑 숍

하카타역에서 도보 3분 거리에 있어 접근성이 좋다. 스노우피크(snow peak), 오가와(ogawa), 로고스(LOGOS) 등 다양한 브랜드, 세분화된 카테고리의 제품을 한 공간에서 구경할 수 있다. 계산하면서 바로 면세 할인을 받을 수 있는 것도 장점.

»요도바시카메라 멀티미디어 p.88

요도바시카메라 멀티미디어 3층

Tips. 추천! 일본 캠핑 숍 구매 아이템

① 첨스(Chums)의 귀여운 모자와 가방

"모자는 사이즈가 넉넉하고, 가방은 무난하게 매칭하기 좋아요."

첨스 모자 ¥3,900, 첨스 가방 ¥4,900

② 물병걸이 카라비너

"선물용으로 추천해요!"

¥1,270

Fukuoka for Designers

가방 디자이너의 레트로 소도시 여행

오래도록 사랑받는 가방을 디자인하기 위해서는 드라마틱한 형태의 변형보다는 가방의 본질적 의미를 재해석하고 그 안에 스토리를 담아내는 것이 중요합니다. 그래서 저는 여행할 때 여행지의 이야기를 발견하고, 그 속에 담긴 의미를 경험하고 알아가는 것을 즐깁니다. 이번에 방문한 모지코와 시모노세키는 잘 알려진 여행지는 아니지만, 현재의 시점으로 재해석할 수 있는 역사적인 콘텐츠가 가득한 곳입니다. 지면을 빌려 후쿠오카 근교의 명소를 소개하고 여행을 통해 얻은 영감을 나누고 싶습니다.

»모지코 p.184

패리티 디자이너 **조용훈**
instagram @parity_official

큐슈 철도 기념관 九州鉄道記念館 @모지코

큐슈를 누비던 열차들이 한곳에

과연 철도 왕국다운 일본의 철도 기념관이다. 외부에 전시된 열차를 둘러본 후, 1891년에 큐슈 철도 본사 사옥으로 지었다가 현재는 기념관으로 사용하는 건물로 향하자. 기념관 내부에는 열차 모형과 철도 관련 물건들이 전시되어 있다. '철도 덕후'라면 1층 기념품 숍의 질 좋은 다양한 굿즈도 놓치지 말 것. 기념관 옆 승차장에서 관광 열차 '시오카제'를 타고 모지코 풍경을 즐기는 것도 추천한다.

福岡県北九州市門司区清滝2-3-29 JR 모지코역에서 도보 3분 09:00~17:00(입장 마감 16:30) 둘째 주 수요일(공휴일인 경우 다음 날 휴관, 7월은 둘째 주 수·목요일, 8월 휴관일 없음) 일반 ¥300, 중학생 이하 ¥150 k-rhm.jp p.188-B5

칸몬 해협 불꽃 축제 関門海峡花火大会 @모지코

한여름 밤, 두 바다 마을을 잇는 불꽃

매년 8월 13일, 모지코와 시모노세키 사이 칸몬 해협에선 '칸몬 해협 불꽃 축제'가 열린다. 모지코 레트로 지구엔 일본식 포장마차 야타이가 줄지어 들어서고 전통 복장을 갖춰 입은 현지인과 관광객이 한데 어우러진다. 노점에서 먹거리를 사서 전망 좋은 자리를 빠르게 선점하는 것은 필수! 흥이 나는 음악과 함께 약 30분간 화려한 불꽃이 모지코와 시모노세키의 밤하늘 위에 피어난다.

福岡県北九州市門司区西海岸周辺 JR 모지코역에서 도보 5분 매년 8월 13일 19:50~20:20 입장료 ¥1,000 kanmon-hanabi.love

카라토 시장 唐戸市場 @시모노세키

수산 시장에서 즐기는 신선한 해산물

매주 금·토·일요일, 카라토 항구에 도착하면 카라토 시장을 향해 줄지어 가는 사람들의 모습을 볼 수 있다. 주말엔 갓 만든 스시와 튀김 등을 저렴한 가격에 골라 먹을 수 있기 때문. 바다와 접한 야외에서 해산물을 맛보는 것도 또 다른 재미다.

山口県下関市唐戸町5-50 카라토 항구(카라토 터미널 부두)에서 도보 4분 주말 시장 금·토 10:00~15:00, 일·공휴일 08:00~15:00 무휴 karatoichiba.com p.188-B2

카몬워프 カモンワーフ @시모노세키

기념품 쇼핑은 여기서!

카라토 항구에서 카라토 시장으로 가는 길목에 자리한 쇼핑몰로, 다양한 먹거리와 특산품을 판매하는 상점들이 들어서 있다. 종종 흥미로운 공연이 열리는 중앙 홀 양쪽으로 시모노세키의 특산물인 복어 상품을 파는 가게가 있으니 놓치지 말 것.

山口県下関市唐戸町6-1 카라토 항구에서 도보 1분 매장마다 상이 무휴 kamonwharf.com p.188-A2

구 시모노세키 영국 영사관

旧下関英国領事館 @시모노세키

영국 영사관이 시모노세키에 자리한 이유

카몬워프 뒤쪽 길에 위치한 건물. 일본의 근대화를 이끈 메이지유신 이후 영국이 시모노세키를 아시아 국제 교류의 중심 항구도시로 판단해 1906년에 설치한 영사관이다. 현재는 기념관과 카페로 운영되고 있으며, 국가중요문화재로 지정되었다.

山口県下関市唐戸町4-11 카몬워프에서 도보 3분 09:00~17:00 화요일 입장 무료 kyu-eikoku-ryoujikan.com p.188-A2

구 아키타 상회 빌딩 旧秋田商会ビル @시모노세키

대표적인 일본의 근대 건축물

구 시모노세키 영국 영사관 맞은편, 고풍스러운 건물이 눈에 띈다. 1915년에 완공되어 아키타 상회의 사무실 겸 주택으로 쓰였으며, 현재는 시모노세키 관광 안내소이자 전시관이 되었다. 철근 콘크리트 구조의 건물로 1층은 서양식, 2층과 3층은 전통 일본식으로 지었다.

山口県下関市南部町23-11 구 시모노세키 영국 영사관에서 도보 2분 10:30~16:00 화·수요일 입장 무료 p.188-A1

조선통신사 상륙기념비

朝鮮通信使上陸淹留之地の碑 @시모노세키

일본 속 조선의 이야기를 찾아서

과거 쇄국정책을 취하던 일본과 유일하게 국교를 맺었던 조선은 500여 명에 이르는 사절을 파견해 문화적 교류를 했다. 시모노세키의 대표 축제 '바칸 마츠리'에서 조선통신사 행렬을 재현한다고 하니 8월 중순에 맞춰 여행하는 것도 좋겠다.

山口県下関市阿弥陀寺町6-22 구 아키타 상회 빌딩에서 도보 12분 p.188-B2

아카마 신궁 赤間神宮 @시모노세키

조선통신사의 혼슈 지방 첫 방문지

조선통신사 상륙지에서 뒤를 돌아보면 길 건너편으로 조선통신사가 묵었던 아카마 신궁이 보인다. 안토쿠 일왕을 모시는 신사로, 일본의 일반적인 신사 건물보다 유독 더 붉은빛을 띠는데 일본 신화 속 해신의 궁전 양식을 기반으로 지었기 때문이라는 설이 있다.

山口県下関市阿弥陀寺町4-1 조선통신사 상륙기념비에서 도보 1분 09:00~17:00, 보물전 09:00~16:30 무휴 입장 무료, 보물전 ¥100 p.188-B2

Plan Your Trip

추천 여행 코스

먼저 여행 기간과 목적을 분명히 한 다음 이 책을 쓱쓱 훑어보며 가고 싶은 장소를 고르자. 장소들을 연결하면 코스 완성. 후쿠오카는 일본의 다른 도시에 비해 여행 난이도가 낮은 편이라 일정을 짜기가 그렇게 어렵지 않다. 일본 여행이 처음인 사람에게도 추천!

2박 3일 첫 여행, 후쿠오카 시내 코스

후쿠오카가 처음이라면 시내에만 집중하는 걸 추천한다. 숙소는 공항에서 가까운 하카타 지역에 잡는 게 좋다. 하루 일정을 더한다면 당일치기 근교 버스 투어를 추가하자.

Tips. 벚꽃 철이라면?
텐진 중앙 공원»p.96과 아크로스 후쿠오카»p.96 추천!

Day 1

하카타+텐진+나카스
후쿠오카 공항에서 숙소가 위치한 JR 하카타역으로 이동해 숙소에 짐을 맡긴 다음 하카타역 주변에서 점심 식사를 하고 텐진으로 간다. 저녁에는 나카스에서 시간을 보낸다.

Day 2

오호리 공원+항만 지역+하카타
오전에 오호리 공원»p.122을 둘러보고 점심 식사를 한다. 취향에 따라 후쿠오카시 미술관, 니시 공원에 들렀다가 항만 지역의 시사이드 모모치 해변»p.139으로 이동. 저녁은 하카타에서 보낸다.

Tips. 항만 지역 추천 스폿은?
후쿠오카 타워»p.138의 전망대, 미즈호 페이페이돔 후쿠오카»p.141, 마크 이즈 후쿠오카모모치»p.145

Day 3

하카타
JR 하카타역 주변에서 시간을 보낸다. 후쿠오카 공항 국제선은 리모델링 공사 중이라 어수선하고 붐비기 때문에 출발 시간 3시간 전까지는 공항에 도착하는 걸 추천한다.

1박 2일,
야무지게 후쿠오카 시내 여행

후쿠오카에 익숙하며 쇼핑, 미식 등 여행 목적이 확실한 여행자에게 추천한다. 숙소는 도심인 하카타, 텐진 어디에 잡아도 좋다.

쇼핑이 목적이라면?

쇼핑하고자 하는 **브랜드의 매장이 있는 지역에 숙소**를 잡자. 여행자가 많이 찾는 몇몇 브랜드 제품은 매장 오픈 시간 전에 줄을 서거나 여행 기간 내내 매일 방문해야 겨우 구할 수 있기 때문.

미식이 목적이라면?

음식점이 몰려 있는 **하카타나 텐진에 숙소**를 잡자. 후쿠오카 맛집은 웨이팅이 필수다. 이 책의 미식 스폿에 표시한 웨이팅 지수와 예약 가능 여부 정보를 확인할 것.

3박 4일,
후쿠오카&온천 마을 여행 코스

후쿠오카 시내의 숙소는 하카타 지역에 잡는다. 후쿠오카 공항에서 유후인, 벳푸로 바로 가는 버스가 있지만 항공기 연착 등의 문제가 발생할 수 있으므로 첫째 날은 후쿠오카에 숙박하는 걸 추천한다.

Day 1

후쿠오카 시내
후쿠오카 공항에서 숙소가 위치한 JR 하카타역으로 이동한 후 숙소에 짐을 맡기고 후쿠오카 시내를 둘러본다.

Day 2

후쿠오카 → 유후인
JR 또는 고속버스를 타고 유후인으로 간다. 유노츠보 거리»p.166, 킨린 호수»p.168 등을 구경한 후 온천이 딸린 료칸에서 느긋하게 하룻밤을 보낸다.

Day 3

유후인 → 벳푸
오전에 유후인역 앞 버스센터에서 시내버스를 타고 벳푸로 이동한다. 숙소에 짐을 맡기고 '지옥 온천 순례'를 한다. 렌터카를 빌리지 않았다면 JR 벳푸역 주변에 숙소를 잡는 걸 추천한다.

Day 4

벳푸 → 후쿠오카 공항
벳푸에서 고속버스를 타고 바로 후쿠오카 공항으로 이동한다. 교통체증 등의 변수를 고려해 벳푸에서 시간을 여유 있게 잡고 출발한다.

4박 5일,
후쿠오카&근교 여행 코스

후쿠오카에 여러 번 방문해 익숙한 여행자에게 추천하는 코스다.
숙소는 하카타 지역에 잡는다.

Day 1

후쿠오카 시내

후쿠오카 공항에서 숙소가 위치한 JR 하카타역으로 이동한 후 숙소에 짐을 맡기고 후쿠오카 시내를 둘러본다.

Day 2

후쿠오카 → 다자이후 → 후쿠오카 텐진

오전에 다자이후에 다녀온다. 오전 9시 이전에 다자이후에 도착하면 단체 여행팀이 오기 전에 느긋하게 둘러볼 수 있다. 니시테츠 전철을 타고 텐진으로 이동해 저녁 시간을 보낸다.

Day 3

후쿠오카 하카타 → 모지코 → 후쿠오카 시내

오전에 하카타역 주변에서 시간을 보내고 점심 식사까지 한 후 모지코로 이동한다. 오전엔 역광이라 사진이 잘 나오지 않기 때문. 후쿠오카 시내로 돌아와 저녁 시간을 보낸다.

Day 4

후쿠오카 → 유후인

JR 또는 고속버스를 타고 유후인으로 이동해 느긋하게 시간을 보낸다.

Day 5

유후인 → 후쿠오카 공항

유후인에서 고속버스를 타고 바로 후쿠오카 공항으로 이동한다. 교통체증 등의 변수를 고려해 유후인에서 시간을 여유 있게 잡고 출발한다.

계절별 일정 짜는 팁

봄

기후 변화로 인해 벚꽃의 만개 시기를 예측하기가 더욱 어려워졌다. 보통 3월 20일 이후에 개화하고, 3월 말에서 4월 초에 걸쳐 만개한 모습을 볼 수 있다.

Tips.
후쿠오카의 벚꽃 명소는 토초지»p.70, 오호리 공원»p.122, 마이즈루 공원»p.124 후쿠오카 성터»p.124, 니시 공원»p.125, 텐진 중앙 공원»p.96, 우미노나카미치 해변 공원»p.147

여름

7월은 비가 굉장히 많이 내린다. 폭우 때문에 근교 도시로 가는 열차나 고속버스의 운행이 중단되는 일이 발생하기도 한다. 7월 중순 이후부터 8월까지는 찜통 같은 더위가 이어진다. 갑자기 소나기가 쏟아지는 일도 잦으니 우양산을 꼭 챙기고, 비가 오는 날은 실내 스폿 위주로 일정을 짜는 걸 추천한다.

Tips.
추천 실내 스폿은 JR 하카타 시티»p.60, 캐널시티 하카타»p.64, 라라포트 후쿠오카»p.87

가을

기온도 강수량도 여행하기에 제격인 가을. 11월 초부터 중순까지 유후인은 단풍을 즐기는 여행자로 붐비니 그 시기에 유후인에 숙박할 예정이라면 숙소 예약을 서둘러 마치자.

겨울

오후 4~5시만 돼도 어두워질 정도로 해가 짧아진다. JR 하카타역 앞 광장, 캐널시티 하카타 등에서 12월부터 길게는 2월 중순까지 화려하게 불을 밝힌 일루미네이션을 볼 수 있다. 연말연시엔 휴무인 공간이 많으니 헛걸음하지 않도록 사전에 영업 여부를 조사하고 일정을 짠다.

Tips. 아이와 함께하는 추천 여행지

- 아뮤 플라자 하카타의 포켓몬 센터 후쿠오카»p.61
- 캐널시티 하카타의 디즈니 스토어, 더 건담 베이스»p.64
- 후쿠오카 호빵맨 어린이 박물관»p.69
- 라라포트 후쿠오카»p.87
- 요도바시카메라 멀티미디어의 게임, 장난감, 문구 매장»p.88
- 후쿠오카 파르코의 애니메이트, 빌리지 뱅가드, 짱구 스토어, 텐진 캐릭터 파크»p.111
- 롯폰마츠 421의 후쿠오카시 과학관»p.125
- 마린월드 우미노나카미치»p.147

Part 02

우리들의 후쿠오카 여행

Fukuoka

福岡

Area 01

우리들의 첫 번째 여행지
하카타·나카스

博多
中州

HAKATA GION CENTER PLACE
HAKATA GION CENTER PLACE
FIRE HYDRANT
消火栓
スピード矯正
マックスバリュ エクスプレス
ストアモリ
キャナルシティ北店

Intro & Access

하카타·나카스로의 여행

큐슈 지역의 관문인 하카타는 예로부터 다른 나라와의 교류와 무역의 창구 역할을 하면서 번성한 교통의 요지다. 특히 일본 내 대도시와 후쿠오카를 연결하는 신칸센이 오가는 JR 하카타역은 그 자체로 하나의 거대한 도시가 되어 사람들을 불러 모은다.
한여름이 다가오면 빌딩 사이에 조용히 자리한 구시가는 거대한 축제의 장으로 변한다. 왁자지껄한 사람들의 행렬을 따라 텐진 방향으로 걷다 보면 하카타구의 섬인 나카스에 이른다. 강변을 따라 시원하게 펼쳐진 한낮의 도시부터, 일과를 마친 사람들의 즐거운 수다가 끊이지 않는 포장마차까지, 하카타와 나카스에는 기분 좋은 설렘이 가득하다.

Access

출발	교통	도착
후쿠오카쿠코역	지하철 쿠코선 5분, ¥260	하카타역
후쿠오카쿠코역	지하철 쿠코선 9분, ¥260	나카스카와바타역
텐진역	지하철 쿠코선 11분, ¥260	하카타역
후쿠오카 공항	공항버스 20분, ¥310	하카타 버스 터미널

* JR 하카타역에서 유후인, 벳푸, 모지코행 열차를, 하카타 버스 터미널에서 다자이후, 유후인, 벳푸행 버스를 탈 수 있다.

Transit Tips

교통의 중심, JR 하카타역 분석

JR 하카타역은 1일 이용자 수가 약 46만 명으로 일본 전체 철도역 중 14위, 큐슈 지방에서는 1위를 차지하는 큐슈의 중심 역이다.
역사 1층에는 매표소, 종합 안내소, 기념품점, 음식점 등이 있고, 매표소의 레일 패스 카운터(Rail Pass Counter)에서 JR 큐슈레일패스를 수령할 수 있다.
플랫폼은 2~3층에 있다. 우리나라 여행자가 많이 찾는 근교 도시 중 유후인과 벳푸로 가는 열차는 5번 플랫폼, 모지코(고쿠라)로 가는 열차는 2번 플랫폼을 주로 이용하고, 도쿄, 오사카 등으로 가는 신칸센은 11~16번 플랫폼을 이용한다.
출구는 동서에 각각 하나씩 있는데 서쪽에 위치한 하카타 출구(博多口)로 나가면 지하철 하카타역, 하카타 버스 터미널로 이어진다. 동쪽의 치쿠시 출구(筑紫口) 앞에서는 유후인, 벳푸 등 근교로 가는 당일치기 투어 버스를 탈 수 있다. »JR 하카타 시티 p.60

JR 하카타역 구조도

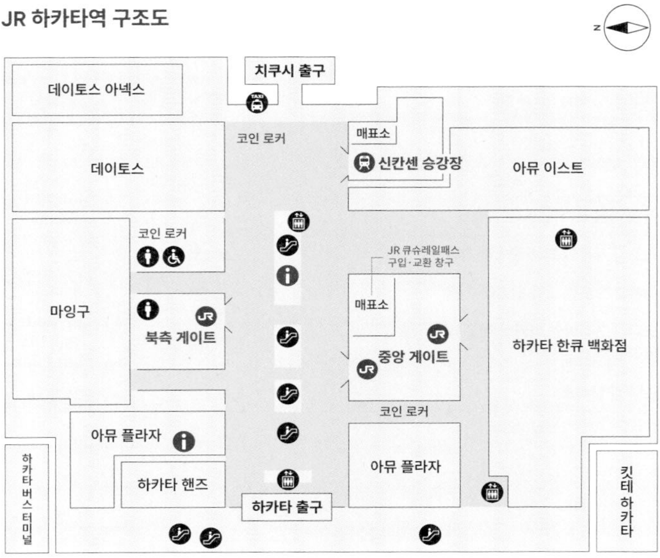

N
치쿠시 출구
데이토스 아넥스
데이토스
코인 로커
매표소
신칸센 승강장
아뮤 이스트
코인 로커
JR 큐슈레일패스 구입·교환 창구
매표소
마잉구
북측 게이트
중앙 게이트
하카타 한큐 백화점
코인 로커
아뮤 플라자
아뮤 플라자
하카타 핸즈
하카타 출구
하카타 버스 터미널
킷테 하카타

하카타·나카스 숙소

하카타 숙소 잡기

공항에서 가깝고 JR, 고속버스로 근교 도시 이동이 편리하다. JR 하카타 시티나 캐널시티 하카타 등 비가 오거나 날이 궂을 때 다니기 좋은 명소가 많다. 다만 밤 10시 이후에 닫는 가게가 많고, 나카스나 텐진에 비해 숙박비가 비싸다.

Tips. 이런 사람에게 추천!
접근성을 가장 중요하게 생각하는 여행자. 특히 근교 도시 이동이 많은 여행자.

하카타 지역 추천 호텔

상호	이동(JR 하카타역 기준)	가격대
미야코 호텔 하카타	치쿠시 출구에서 도보 3분	28만 원~
더 로열 파크 캔버스 후쿠오카 나카스	하카타 출구에서 도보 5분	22만 원~
JR 큐슈 호텔 블라썸 하카타 추오	하카타 출구에서 도보 4분	20만 원~
호텔 닛코 후쿠오카	하카타 출구에서 도보 8분	19만 원~
호텔 포르자 하카타에키 하카타구치	하카타 출구에서 도보 4분	15만 원~
도큐 스테이 하카타	치쿠시 출구에서 도보 8분	12만 원~
분쇼도 호텔	하카타 출구에서 도보 8분	10만 원~
호텔 홋케 클럽 하카타	하카타 출구에서 도보 10분	10만 원~

상호	이동(쿠시다진자마에역 기준)	가격대
더 블라썸 하카타 프리미어	도보 2분	19만 원~
미츠이 가든 호텔 후쿠오카 기온	도보 2분	18만 원~
니시테츠 호텔 크룸 하카타 기온	도보 1분	15만 원~
도미인 프리미엄 하카타 캐널시티마에 내추럴 핫 스프링	도보 1분	15만 원~
호텔 일 팔라초	도보 7분	15만 원~

* 가격은 비수기 평일, 2인 기준 최저가

나카스 숙소 잡기

하카타와 텐진의 중간 지역이라 체력이 좋으면 두 구역 모두 도보로 이동 가능하다. 늦은 밤까지 영업하는 음식점이 많아 편리하다. 나카스강 전망의 숙소가 있으며, 호스텔·캡슐 호텔도 많다.
단, 좁은 면적에 술집이 밀집해 있고, 근교 도시로 가려면 하카타나 텐진으로 이동해야 한다.

Tips. 이런 사람에게 추천!
늦은 밤까지 야무지게 놀고 싶은 여행자. 숙소의 전망은 포기 못하는 여행자. 숙박비를 절약하고 싶은 여행자.

나카스 지역 추천 호텔

상호	이동(지하철 나카스카와바타역 기준)	가격대
더 원파이브 테라스 후쿠오카	도보 8분	18만 원~
호텔 오쿠라 후쿠오카	도보 1분	17만 원~
미츠이 가든 호텔 후쿠오카 나카스	도보 2분	16만 원~
호텔 리솔 트리니티 하카타	도보 3분	11만 원~
호텔 비스타 후쿠오카 나카스 카와바타	도보 3분	10만 원~

* 가격은 비수기 평일, 2인 기준 최저가

하카타·나카스 추천 호스텔과 게스트하우스

상호	이동	가격대
나인아워스 하카타 스테이션	JR 하카타역 하카타구치에서 도보 7분	3만 원~
나인아워스 나카스카와바타	지하철 나카스카와바타역에서 바로 연결	2만 5000원~
위베이스 하카타	지하철 나카스카와바타역에서 도보 3분	4만 5000원~
코몬데 호스텔 앤드 바	지하철 나카스카와바타역에서 도보 8분	6만 5000원~

* 가격은 비수기 평일, 1인 기준 최저가

A
B
C
Map
1
하카타·나카스 지도
타츠미 스시
고후쿠마치역
후쿠오카 아시아 미술관
카베야 카와바타
후쿠오카 호빵맨 어린이 박물관
토카도코히
2
하카타 리버레인 몰
카레 스파이스
스즈카케
하카타 아카초코베
나카스카와바타역
라멘 우나리
포타마
돈키호테
카와바타 상점가
이치란
쿠시다 신사
요시즈카 우나기야
하이볼 바 나카스 1923
부타소바 츠키야
맥스밸류 익스프레스
왕교자
쿠시다진자마에역
3
풀풀 하카타
나카스 포장마차 거리
알펜 후쿠오카
캐널시티 하카타
야키니쿠
바쿠로
하카타 미즈타키
하마다야
텐진미나미역
화이트 글라스 커피 후쿠오카
니자카나쇼넨
4
라쿠스이엔
스미요시 신사
와타나베도리역
5
A
B
C

D
E
F
Sightseeing
Food&Drink
Shopping
1
0
90m
N
2
토초지
조텐지
하카타 버스 터미널
기온역
멘타이 요리 하카타 쇼보안
(아뮤 플라자 하카타 9F)
다이소(하카타 버스 터미널 내)
JR 하카타 시티(영역)
JR HAKATA CITY
아뮤 플라자 하카타
(JR 하카타 시티 내)
불랑주
마잉구
(JR 하카타 시티 내)
후쿠오카 공항
조스이안
하카타이치반가이
(JR 하카타 시티 내)
키스이마루
탄야 하카타
3
다이치노 우동
데이토스
(JR 하카타 시티 내)
모츠나베 이치후지
미농
(하카타역내 1F)
카페 미엘
하카타역
博多
푸글렌 후쿠오카
하카타역 하카타 출구
하카타역 치쿠시 출구
하카타 벤텐도
프루츠 가든 신선(하카타역내 1F)
하카타 하나미도리
킷테 하카타
요도바시카메라 멀티미디어
로피아(4F)
하카타 잇코샤
하카타 모츠나베
마에다야
하카타
한큐 백화점
토린치
4
하카타 모츠나베 오오야마(9F)
야키토리야
이오리
니쿠이치
하카타 잇소우
스시사카바 사시스(B1F)
우동 타이라
5
라라포트 후쿠오카
D
E
F

JR 하카타 시티 JR HAKATA CITY

후쿠오카 여행의 시작과 끝

JR 하카타역을 중심으로 이루어진 복합 시설로 쇼핑, 식사, 엔터테인먼트를 한 곳에서 해결할 수 있다. 2개의 노선이 교차하는 후쿠오카시 지하철 하카타역과 연결되고, 2층의 외부 연결 통로를 통해 하카타 버스 터미널과도 이어진다. 캐널 시티 하카타, 나카스로 가고 싶다면 서쪽의 하카타 출구로 나가면 된다. 하카타 출구 앞 광장에서는 겨울철에 60만 개가 넘는 전구가 불을 밝히는 일루미네이션 행사를 비롯해 1년 내내 다양한 이벤트가 펼쳐진다. 몇몇 식당이 아침 일찍 문을 여는 지하 식당가와 밤늦게까지 운영하는 음식점도 있어 날씨가 좋지 않을 땐 쇼핑과 엔터테인먼트를 즐기며 JR 하카타 시티에서만 시간을 보내도 좋다.

福岡市博多区博多駅中央街1-1 JR 하카타역 내부, 지하철 하카타역과 연결 jrhakatacity.com jr_hakata_city_official p.59-E3

JR 하카타 시티의 스폿

아뮤 플라자 하카타 AMU PLAZA HAKATA

쇼핑하다 해가 지면 옥상으로!

대형 잡화점인 하카타 핸즈(구 토큐 핸즈)부터 패션/캐릭터 매장, 서점, 음식점 등이 들어서 있다. 하카타역 중앙 통로를 중심으로 1층 입구는 두 곳이며 3층부터 이어진다. 2층의 연결 통로(스타벅스 맞은편)에는 아뮤 플라자, 아뮤 이스트, 데이토스에서 구매한 물품의 소비세를 돌려받을 수 있는 글로벌 택스 프리 카운터가 있다. 옥상 정원인 츠바메노모리히로바(つばめの杜ひろば)에서는 후쿠오카 시내가 한눈에 보인다.

B1~8F 10:00~20:00, 9~10F 11:00~22:00, 옥상 정원 10:00~22:00, 택스 프리 카운터 10:00~20:30 부정기

층별 주요 매장

루프톱	옥상 정원
10	식당가 시티 다이닝 쿠텐(하카타 잇푸도, 하카타 미즈타키 하마다야)
9	식당가 시티 다이닝 쿠텐(멘타이 요리 하카타 쇼보안), JR 큐슈 홀(전시)
8	포켓몬 센터 후쿠오카, 마루젠 서점
7	타워레코드, ABC 마트
6	무인양품
5	하카타 핸즈, 디즈니 스토어
4	하카타 핸즈
3	하카타 핸즈, 빔스
2	하카타 핸즈, 글로벌 택스 프리 카운터
1	하카타 핸즈

JR 하카타 시티의 스폿

데이토스 DEITOS

후쿠오카 대표 라멘집이 한자리에

2층에 하카타 잇코샤, 멘야 카네토라, 라멘 우나리, 하카타 라멘 신신, 츠키야 등 후쿠오카를 대표하는 라멘, 우동집이 모여 있다. 1층에는 식당가와 기념품점이 있다. 치쿠시 출구와 가깝다.

🕓 B1F 음식점 09:30~23:00, 1F 상점 08:00~21:00 / 음식점 10:00~24:00, 2F 09:00~24:00 ⊗ 부정기

마잉구 マイング

후쿠오카 특산물 쇼핑

하카타 출구를 등지고 1층의 중앙 통로 왼쪽에 있다. 92개의 점포 대부분이 후쿠오카의 명물인 명란 관련 제품과 과자를 판매하는 기념품점이지만 소비세 환급이 가능한 매장은 드물다.

🕓 상점 09:00~21:00, 음식점 07:00~23:00 ⊗ 부정기 ➚ ming.or.jp

하카타이치방가이 博多1番街

이른 아침 식사는 여기서!

하카타역의 지하 식당가로 몇몇 식당에서 오전 7시부터 저렴한 아침 식사가 가능하다. 키스이마루, 탄야 하카타, 모츠나베 오오야마, 하카타 잇코샤 등이 입점해 있다.

🕓 매장마다 다름 ⊗ 부정기 ➚ hakata-1bangai.com

하카타 한큐 백화점 博多阪急

인기 명품 숍과 식품관

1층의 안내 데스크에 여권을 제시하면 외국인 여행자에게만 제공하는 5% 할인 쿠폰(일부 브랜드 할인 제외)을 받을 수 있다. 1층에는 우리나라 여행자가 많이 찾는 브랜드인 셀린느, 바오바오 이세이 미야케 매장이 있고 지하 1층에는 식품관이 위치한다. 면세 카운터는 M3층에 있다.

福岡市博多区博多駅中央街1-1 JR 하카타역과 연결 10:00~20:00 부정기
hankyu-dept.co.jp/hakata

킷테 하카타 KITTE 博多

마루이 쇼핑몰부터 식당가까지

1층부터 7층까지는 하카타 마루이(博多マルイ) 쇼핑몰, 지하 1층과 지상 9~10층은 식당가, 8층에는 유니클로가 있다. 지하 1층에 아침 7시부터 영업하는 식당도 있다. 3층 에포스(EPOS) 카드 센터에서 소비세 환급을 받을 수 있다.

福岡市博多区博多駅中央街9-1 JR 하카타역과 연결 B1F 매장마다 다름, 1~8F 10:00~21:00, 9~10F 11:00~23:00 부정기 hakata.jp-kitte.jp kitte_hakata

캐널시티 하카타 キャナルシティ博多

물길 위로 펼쳐진 쇼핑 천국

지하 1층을 관통하는 180m 길이의 인공 운하(캐널)를 따라 센터 워크, 비즈니스 센터 빌딩, 그랜드 빌딩 등 총 5개의 건물에 170여 개의 상점과 음식점, 공연장, 놀이 시설, 호텔이 들어선 복합 시설이다. 매일 펼쳐지는 분수 쇼 '댄싱 워터'는 지하 1층부터 지상 4층까지, 운하 중앙의 선플라자 분수 쇼장을 감싼 테라스 어디에서나 관람할 수 있다. 화려한 쇼는 저녁이 되면 그랜드 빌딩의 벽면을 스크린으로 활용한 프로젝션 매핑 '캐널 아쿠아 파노라마'로 변모한다. 1층에 위치한 털리스 커피(Tully's Coffee) 위쪽 벽면에는 미디어 아티스트 백남준의 작품 'Fuku/Luck,Fuku=Luck,Matrix'가 설치되어 있다. 홈페이지와 안내 데스크 모두 한국어 안내가 잘되어 있다.

福岡県福岡市博多区住吉1-2 JR 하카타역 하카타 출구에서 도보 10분, 지하철 쿠시다진자마에역 1번 출구에서 도보 3분, 지하철 나카스카와바타역 5번 출구에서 카와바타 상점가를 지나 도보 10분 상점, 종합 안내 데스크 10:00~21:00, 음식점 11:00~23:00, 면세 카운터 10:00~21:30 무휴
canalcity.co.jp canal_city p.58-C3

Tips. 분수 쇼 시간 안내

10:00~17:00 매시 정각
18:00~22:00 매시 정각, 매시 30분
19:00, 20:00, 21:00 캐널 아쿠아 파노라마

층별 주요 매장

<table>
<tr><th></th><th>남쪽 빌딩</th><th>센터 워크</th><th>그랜드 빌딩</th><th>비즈니스 센터 빌딩</th><th>북쪽 빌딩</th></tr>
<tr><td>5</td><td></td><td>라멘 스타디움</td><td rowspan="6">그랜드 하얏트 호텔</td><td></td><td></td></tr>
<tr><td>4</td><td>니토리</td><td></td><td></td><td rowspan="2">무인양품</td></tr>
<tr><td>3</td><td>알펜 후쿠오카</td><td>ABC 마트</td><td></td></tr>
<tr><td>2</td><td>알펜 후쿠오카</td><td>디즈니 스토어</td><td></td><td>오니츠카 타이거, 지하철 쿠시다진자마에역 연결 통로, 카와바타 상점가 연결 통로</td></tr>
<tr><td>1</td><td>더 건담 베이스, 알펜 후쿠오카</td><td>안내 데스크, 캐널시티 후쿠오카 워싱턴 호텔 입구</td><td></td><td></td></tr>
<tr><td>B1</td><td>반다이 남코 크로스 스토어</td><td>면세 카운터, 동구리 공화국, 점프 숍, 산리오 갤러리</td><td>드러그 스토어, 편의점</td><td>음식점</td></tr>
</table>

Tips. 면세 안내

계산할 때 바로 소비세를 빼주는 빨간색 'Tax-free' 표시가 없는 매장에서 구입한 물품은 센터 워크 지하 1층 스타벅스와 공차 사이 면세 카운터(Global tax free)에서 소비세 환급을 받을 수 있다. 당일 구매한 여러 매장의 영수증 합산이 가능하다.

나카스 中洲

강변 포차에 불빛이 반짝이면

하카타와 텐진을 오가는 길목에 위치한 나카스는 남동쪽으로 캐널시티 하카타, 북서쪽으로 텐진 중앙 공원과 맞닿은 좁고 긴 섬이다. 남북의 끝에서 끝까지 도보 15분이면 다다르는 작은 섬이지만 2000여 개의 음식점, 술집 등이 몰려 있다. 낮보다 밤에 훨씬 활기가 넘치고 자정을 훌쩍 넘어서까지 영업하는 가게가 많다. 퇴근 시간 무렵이면 섬의 남서쪽 강변을 따라 조성된 산책로에 포장마차(야타이)가 하나둘 불을 밝힌다. 나카스의 골목을 걷다 마주치는 무료 안내소(無料案内所) 간판은 여행 정보를 제공하는 여행 안내소가 아니니 주의하자.

지하철 나카스카와바타역 1~4번 출구 앞, 5~7번 출구에서 도보 3분 내외
나카스 포장마차 거리 p.58-B3

Tips. 그들의 포창마차, 야타이로 가자!

해가 지고 어둠이 찾아오면 나카스와 텐진 일대에 우리네 포장마차와 꼭 닮은 야타이(屋台)가 모습을 드러낸다. 현지인들 사이로 자연스럽게 스며들고 싶다면 빈자리로 비집고 들어가 "비루 구사다이!"를 외쳐보자. 야타이를 이용할 때 알아두면 좋은 팁을 소개한다.

· 현금만 받는 가게가 많다.

· 포장마차가 으레 그렇듯 별도의 화장실이 없다. 점원이 근처의 공중화장실이나 제휴한 편의점의 화장실을 안내해준다.

· 짐을 둘 공간이 마땅치 않다. 큰 짐은 숙소나 코인 로커에 두고 가자.

· 대부분이 손님 10명이면 꽉 찰 정도로 규모가 작아 일행이 여럿이면 따로 앉을 수 있다.

· 악천후에는 문을 열지 않는 곳이 많다.

쿠시다 신사 櫛田神社

우리의 뼈아픈 역사가 잠든 신사

후쿠오카시에서 가장 오래된 신사로 하카타의 수호신을 모신다고 전해진다. 7월에 열리는 축제 하카타 기온 야마카사(博多祇園山笠)를 주관하는 신사로, 축제에 사용하는 화려한 장식 가마를 볼 수 있다. 가마의 높이는 15m, 무게는 1t에 달한다. 이 신사는 명성황후 시해 사건 당시 사용한 칼인 히젠토(肥前刀)를 보관한 곳이기도 하다. 방문 전에 이 사실을 꼭 상기하자.

福岡市博多区上川端町1-41 지하철 쿠시다진자마에역 1번 출구에서 도보 3분 경내 04:00~22:00, 하카타 역사관 10:00~16:30 무휴 경내 무료, 하카타 역사관 ¥300 p.58-B3

Tips. 큐슈의 주요 축제

하카타 돈타쿠 미나토 마츠리(博多どんたく港まつり)와 하카타 기온 야마카사는 800년이 넘는 역사를 가진 유서 깊은 축제다. 하카타 돈타쿠 미나토 마츠리는 5월 초 골든 위크 기간, 하카타 기온 야마카사는 7월 1일부터 약 2주간 진행되며, 특정 장소가 아닌 하카타 시내 곳곳이 축제의 장이 된다.

한여름엔 불꽃 축제를 빼놓을 수 없다. 모지코에서 열리는 칸몬 해협 불꽃 축제(関門海峡花火大会)는 일본에서 유일하게 해협을 사이에 두고 지자체 두 곳(후쿠오카현, 야마구치현)의 경계를 넘어 개최하는 행사다. »칸몬 해협 불꽃 축제 p.41

후쿠오카 아시아 미술관 福岡アジア美術館

아시아의 근현대 미술품이 한자리에

1999년에 개관한 미술관으로 아시아의 근현대 미술품을 망라했다는 점에서 세계적으로 유례를 찾기 어렵다. 윤석남, 김창열, 이불 등 우리나라 작가의 작품도 소장하고 있다.

福岡市博多区下川端町3-1リバレインセンタービル7F 지하철 나카스카와바타역 6번 출구에서 연결, 하카타 리버레인 몰 7층 09:30~18:00(금~토 ~20:00) 수요일(공휴일인 경우 다음 날 휴관), 12/26~1/1 상설전 ¥200, 고등·대학생 ¥150 faam.city.fukuoka.lg.jp p.58-B2

후쿠오카 호빵맨 어린이 박물관

福岡アンパンマンこどもミュージアム

호빵맨과 함께라면 언제나 행복해

후쿠오카 아시아 미술관과 같은 건물에 있다. 놀이 시설, 캐릭터 숍, 음식점 등 모든 시설이 호빵맨의 캐릭터로 가득하다. 5층 중앙 무대에서 매일 다양한 이벤트가 열리므로 관람 시간을 여유 있게 잡는 것이 좋다.

福岡市博多区下川端町3-1 博多リバレインモール5~6F 지하철 나카스카와바타역 6번 출구에서 연결, 하카타 리버레인 몰 5~6층 10:00~17:00(입장 마감 16:00) 부정기, 1/1 1세 이상 ¥2,000~2,200 fukuoka-anpanman.jp fukuoka_anpanman p.58-B2

카와바타 상점가 川端通商店街

130여 년 역사의 유서 깊은 상점가

캐널시티 하카타에서 리버레인 몰까지 약 400m에 이르는 아케이드. 음식점, 채소 가게, 약국, 기념품점 등 약 130개의 점포가 늘어서 있으며 여행객은 물론 현지인도 즐겨 찾는다.

福岡市博多区上川端町6-135 지하철 나카스카와바타역 5번 출구 앞 매장마다 다름 kawabatadori.com p.58-B2

토초지 東長寺

거대한 불상과 아름드리 벚나무

806년 당나라에서 유학한 승려 쿠카이(空海)가 창건한 진언종 사찰. 국가중요문화재로 지정된 천수관음 입상과 높이 10.8m, 무게 30t의 후쿠오카 대불이 있다.

博多区御供所町2-4 지하철 기온역 1번 출구에서 도보 1분 09:00~16:45 무휴 경내 무료, 후쿠오카 대불 ¥50 tochoji.net p.59-D2

조텐지 承天寺

우동과 소바의 아버지를 찾아서

1242년에 쇼이치(聖一) 국사가 창건한 사찰. 그는 송나라 유학 시절 배운 우동, 소바, 만두의 조리법을 일본에 들여왔다. 경내에 우동, 소바의 발상지임을 알리는 기념비가 있다.

福岡市博多区博多駅前1-29-9 지하철 기온역 4번 출구에서 도보 3분 24시간 무휴 무료 p.59-D2

스미요시 신사 住吉神社

도심에서 음미하는 고요한 산책

하카타역에서 멀지 않은 곳에 약 1800년 전에 세운 신사가 있다. 울창한 숲과 국가중요문화재로 지정된 본전은 일본 전역의 스미요시 신사 중 아름답기로 손꼽힌다.

福岡市博多区住吉3-1-51 JR 하카타역 하카타 출구에서 도보 15분 24시간 무휴 무료 nihondaiichi sumiyoshigu.jp p.58-C4

라쿠스이엔 楽水園

고즈넉한 정원에서 말차 한잔

연못을 둘러싼 지천회유식(池泉回遊式) 정원. 다다미가 깔린 단정한 집에서 말차를 마시며 문틀을 액자 삼아 바라보는 정원의 모습이 일품.

福岡市博多区住吉2-10-7 JR 하카타역 하카타 출구에서 도보 13분 09:00~17:00 화요일, 12/29~1/1 일반 ¥100, 초중학생 ¥50, 말차 세트 ¥500 rakusuien.fukuoka-teien.com p.58-C4

Pick 멘타이 요리 하카타 쇼보안 めんたい料理 博多 椒房庵

후쿠오카 명물 '명란'을 일본 가정식에! 점심 ¥¥¥ 저녁 ¥¥¥

흰쌀밥 위에 도미회와 명란젓을 함께 담아내는 '하카타 멘타이마부시'가 대표 메뉴. 평일 한정 달걀말이 정식도 인기가 많다. 공간이 넓고 쾌적하며 어린이 메뉴와 아기 의자가 있어 가족 여행자에게 특히 추천. 한국어 메뉴판에 먹는 방법이 자세하게 쓰여 있다.

福岡市博多区博多駅中央街1-1JR博多シティ9F JR 하카타역과 연결된 아뮤 플라자 9층 10:00~16:00(주문 마감 15:30), 17:00~22:00(주문 마감 21:00) 부정기 하카타 멘타이마부시 ¥2,900, 달걀말이 정식 ¥1,800 kubara.jp/shobouan p.59-E3 저녁-구글 지도 예약 가능

키스이마루 博多の海鮮料理 喜水丸

하카타의 아침을 깨우는 든든한 한 끼 ¥¥¥

밥, 된장국, 명란젓, 갓 절임을 리필할 수 있는 아침에 특히 붐빈다. 문을 열기 전인 오전 7시부터 키오스크에서 대기 등록을 할 수 있고, 재료가 소진되면 아침 주문을 마감한다. 한국어로 번역된 태블릿으로 주문과 리필이 가능하다.

하카타이치반가이점 博多一番街店 福岡市博多区博多駅中央街1-1 JR 하카타역 지하 1층 07:30~10:30(주문 마감 10:00), 11:00~23:00 부정기 아침 식사 메뉴 ¥690~1,690 kisuitei.com p.59-E3

하카타 모츠나베 오오야마 博多もつ鍋 おおやま

모두를 위한 보편적인 모츠나베

후쿠오카에만 10개의 지점을 운영하는 모츠나베 전문점. 킷테하카타점은 접근성이 좋으며 넓고 쾌적해 혼밥러부터 가족까지 두루 만족할 수 있다. 점심 메뉴로 말 육회 또는 내장 초무침, 밥 또는 면을 선택하는 '모츠나베고젠'이 인기 있다.

킷테하카타점 KITTE博多店 福岡市博多区博多駅中央街9-1KITTE博多9F JR 하카타역에서 연결된 킷테 하카타 9층 11:00~23:00(주문 마감 22:30) 부정기 점심 모츠나베고젠 ¥1,958, 저녁 코스 ¥3,400~, 모츠나베 1인분 ¥1,793, 자릿세(15:00~) ¥374 motu-ooyama.com ooyama.motu p.59-E4 구글 지도 예약 가능

(Pick) 우동 타이라 うどん 平

부드러운 수타면과 깔끔한 국물

현지인도 후쿠오카를 대표하는 우동 전문점으로 꼽는 50년 전통의 우동 가게. 고기 우엉튀김 우동이 대표 메뉴이며, 따듯한 우동에 비해 차가운 우동 종류는 적으니 여름에 방문할 때 참고하자. 테이블 회전은 빠른 편.

福岡市博多区住吉5-10-7第三住吉ハイツ1F JR 하카타역 하카타 출구에서 도보 15분 11:15~15:00(주문 마감 14:45) 일요일, 공휴일 고기 우엉튀김 우동 ¥700, 현금 결제만 가능 en-gage.net/udontaira p.59-D5

탄야 하카타 たんや HAKATA

아침부터 고기반찬이라니 Lucky!

우설 전문점으로 가성비 좋은 아침 정식을 오전 10시까지 판매한다. 양이 부족하다면 명란젓, 낫토 추가를 추천한다. 테이블 회전은 빠른 편.

福岡市博多区博多駅中央街1-1 JR 하카타역 지하 1층
07:00~22:00 부정기 우설구이 아침 정식 ¥780
www.jrfs.co.jp/tanya p.59-E3

스시사카바 사시스 すし酒場 さしす

복작복작 술맛 나는 스시 바

스시를 비롯해 오징어튀김 등 해산물을 이용한 안주가 많다. 매장이 좁아 3인 이상 방문하면 오래 기다릴 수도 있다.

킷테하카타점 KITTE博多店 福岡市博多区博多駅中央街9-1KITTE博多B1F-14
JR 하카타역과 연결된 킷테 하카타 지하 1층
11:00~23:00(주문 마감 22:30) 부정기
스시 한 접시 ¥165~, 하이볼 ¥319~
p.59-E4

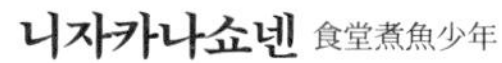

니자카나쇼넨 食堂煮魚少年

생선조림에 진심을 다하는 가게

다양한 생선조림 중에서도 '인기 No.1'은 고등어조림. 간장과 된장 중에서 베이스를 선택하거나 반반도 가능하다. 가장 인기 있는 B세트는 된장국과 반찬이 함께 나오고 밥이 리필된다.

福岡市博多区住吉2-6-32リファレンス住吉1-A
캐널시티 하카타에서 도보 5분 11:30~15:30(주문 마감 15:00), 17:00~22:00(주문 마감 21:30)
부정기, 홈페이지 게재 고등어조림(鯖しょうゆ&味噌の煮込み) B세트 ¥1,090, 현금 결제만 가능
nizakanasyounen.com p.58-C4

야키니쿠 바쿠로 やきにくのバクロ

다양한 부위를 맛보는 야키니쿠집

밥과 된장국이 리필되는 점심 세트 가격이 합리적이다. 단품으로는 양념하지 않은 고기를 추천하며 특선 설로인이 인기 있다. 넓고 쾌적해 가족 식사에도 제격이지만 예약 손님 위주로 운영하므로 구글 지도 예약을 추천한다. 저녁 코스는 2인 이상 주문, 예약 필수다.

하카타점 博多店 福岡市博多区住吉1-1-9-202 JR 하카타역 하카타 출구에서 도보 10분 11:30~14:30, 17:00~21:30 부정기 점심 바쿠로와규진미 세트 ¥2,900, 특선 설로인 ¥2,508, 저녁 코스 ¥6,000~ bakuro09.com/shop/hakata bakuro.hakata p.58-C3 구글 지도 예약 권장

(Pick) 하카타 미즈타키 하마다야 博多水たき 濱田屋

정갈한 일본식 닭 한 마리 요리

후쿠오카 전통 닭 요리인 '미즈타키'를 정갈한 한상차림으로 맛볼 수 있다. 코스 요리의 최소 주문은 2인분이지만, 주말 점심 메뉴인 하마다야고젠은 1인분 주문도 가능하다. 어떤 메뉴를 시키든 직원이 먹는 방법을 알려준다.

본점 本店 福岡市博多区住吉1-1-9RJRプレシア博多201 JR 하카타역 하카타 출구에서 도보 10분 평일 17:00~22:00(주문 마감 21:00), 주말 11:30~15:00(주문 마감 14:00), 17:00~22:00(주문 마감 21:00) 부정기 하마다야고젠(濱田屋御膳) ¥2,178, 저녁 코스 ¥4,620~ mizutaki-hamadaya.jp/honten p.58-C3 구글 지도 예약 권장. 예약 시 메뉴 선택

하카타 잇코샤 博多一幸舍

아와케 돈코츠 라멘의 원조

국물에 거품이 있는 일명 '아와케 돈코츠 라멘'의 원조집. 골목을 휘감는 묵직한 향기와 녹진한 국물은 우리의 순댓국, 돼지국밥이 떠오르게 한다. 평소 가벼운 국물을 선호한다면 다소 부담스러울 수 있지만, 진짜 '현지의 맛'을 느껴보고 싶다면 추천한다. 하카타역, 후쿠오카 공항 등 주요 시설에도 지점이 있다.

총본점 総本店 福岡市博多区博多駅前3-23-12 JR 하카타역에서 도보 5분 11:00~23:00(일 21:00) 연말연시 아와케 돈코츠 라멘(泡系豚骨ラーメン) ¥900~. 자판기에서 현금 결제만 가능 ikkousha.com ikkousha_hakata p.59-D4

Pick 니쿠이치 にく屋 肉いち

제대로 된 와규를 원한다면 예약 필수!

일본에서 생산한 최고급 와규를 맛볼 수 있어 현지인, 여행자 모두에게 인기가 많다. 홈페이지나 구글 지도를 통해 2개월 후의 일정까지 예약할 수 있으니 반드시 예약하고 방문하자. 다양한 부위의 와규로 구성된 특선 모둠이 가장 인기 있다.

하카타점 博多店 福岡市博多区博多駅南1-2-18エムビル1F JR 하카타역 치쿠시 출구에서 도보 7분 16:00~24:00(주문 마감 23:00) 1/1 특선 7종류 모둠 2~3인분 ¥4,378, 양배추 샐러드 ¥528 yakiniku-nikuichi.com p.59-E4 구글 지도 예약 가능, 예약 시 신용카드 예약 보증금 ¥50

다이치노 우동 大地のうどん

그릇을 뒤덮는 우엉튀김이 대단하다!

대접만큼 커다랗고 동그란 우엉튀김을 올린 우동이 유명하다. 입구에 그림이 그려진 한국어 메뉴가 붙어 있다.

하카타역 지하점 博多駅ちかてん 福岡市博多区博多駅前2-1-1朝日ビルB2F JR 하카타역 지하와 이어지는 빌딩 내부 10:30~16:00, 17:00~21:00 연말연시 21번 고기 우엉튀김 우동 ¥750, 22번 우엉튀김 우동 ¥550. 자판기에서 현금 결제만 가능 daichinoudon.com p.59-D3

하카타 잇소우 博多一双

타베로그가 인정한 돈코츠 라멘

일본의 음식점 평가 사이트에서 단연 평점이 높은 돈코츠 라멘 전문점. 국물의 질감은 가벼우나 맛이 매우 진하다. 테이블에 생강 초절임, 매운 갓 절임이 놓여 있다.

본점 本店 福岡市博多区博多駅東3-1-6 JR 하카타역에서 도보 12분 11:00~24:00 부정기 돈코츠 라멘 ¥800. 자판기에서 현금 결제만 가능 hakata-issou.com p.59-F4

하카타 벤텐도 博多 弁天堂

명란이 들어간 독특한 모츠나베

명란을 올린 모츠나베와 순대볶음과 비슷한 모츠야키를 맛볼 수 있다. 구글 지도에선 '벤텐도 모츠나베'로 검색하자.

총본점 総本店 福岡市博多区博多駅前3-26-10 JR 하카타역에서 도보 10분 11:00~14:00(주문 마감 13:30), 17:00~23:00(주문 마감 22:30) 일요일 점심 멘타이코모츠나베고젠(明太子もつ鍋御膳) ¥2,580, 모츠나베/모츠야키 ¥2,300, 저녁 자릿세 ¥300 f165914.gorp.jp p.59-D3
저녁-구글 지도에서 예약 가능

모츠나베 이치후지 もつ鍋 一藤

혼자서도 부담 없이 즐기는 모츠나베

된장·간장·폰즈 3가지 맛 중 된장 맛이 인기 있다. 추가 메뉴로는 말 육회를 추천. QR코드로 주문하며 한국어 안내가 잘되어 있다. 혼자라면 1인분 주문도 가능하다. 테이블에서 내역서를 받아 셀프 계산대에서 계산한다.

하카타점 博多店 福岡市博多区博多駅前2-4-16 JR 하카타역 하카타 출구에서 도보 5분 17:00~23:00(금~토 23:30) 부정기 모츠나베 1인분 ¥1,694, 자릿세 ¥495 www.ichifuji-f.jp/hakata p.59-D3 구글 지도에서 예약 가능(예약 권장)

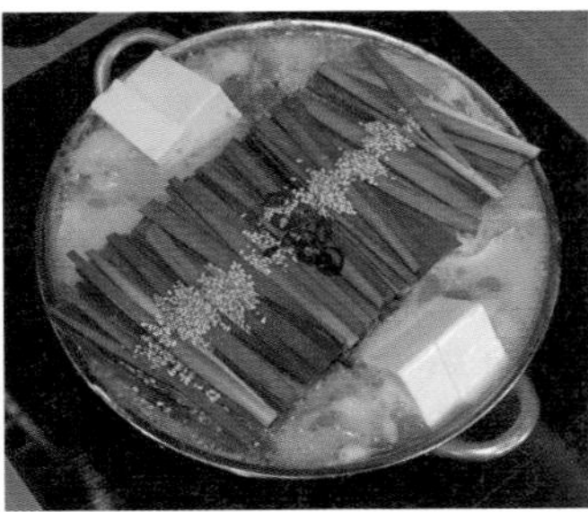

(Pick) 하카타 모츠나베 마에다야 博多もつ鍋 前田屋

후쿠오카를 대표하는 모츠나베

후쿠오카의 모츠나베 전문점 중에서도 인지도가 높고 현지인이 많이 찾는다. 모츠나베는 된장 맛이 가장 인기다. 부추, 우엉, 양배추가 듬뿍 들어가 맛이 깔끔하다. 이곳의 명물인 오징어회는 한 마리부터 주문 가능하다. 한국어 메뉴판과 한국어가 가능한 직원이 있다.

총본점 総本店 福岡市博多区博多駅東2-9-20 JR 하카타역 치구시 출구에서 도보 8분 17:00~24:00(주문 마감 23:00), 주말 점심 영업 11:00~14:30(주문 마감 13:30) 무휴 모츠나베 된장 맛 ¥1,694, 오징어회 100g ¥1,580~, 저녁 자릿세 ¥380 motsunabe-maedaya.com motsunabe_maedaya p.59-F4 구글 지도에서 예약 가능(예약 필수)

토린치 とり焼肉酒場 鶏ん家

신선한 닭고기를 연탄불에 굽자

닭구이 전문점이다. 매운 양념구이, 소금구이, 닭고기 스키야키 등이 대표 메뉴이며 내장을 포함한 어떤 부위를 주문해도 잡내가 없다.

하카타에키마에점 博多駅前店 福岡市博多区博多駅前3-7-3皐月マンション1F JR 하카타역 하카타 출구에서 도보 10분 17:00~24:00(주문 마감 요리 23:00, 음료 23:30), 토 16:00~23:00(주문 마감 요리 22:00, 음료 22:30) 일요일 매운 양념구이(ヤンニョムカルビ) ¥594(닭 다리, 닭 가슴살 선택 가능), 자릿세 ¥300 p.59-D4 구글 지도에서 예약 가능(예약 권장)

이치란 一蘭

후쿠오카에서 탄생한 라멘 체인점

1960년 포장마차로 시작해 일본을 대표하는 라멘 체인점으로 자리 잡은 이치란의 총본점이다. 식사 시간에는 30분~1시간 정도 기다리는 일이 잦지만 전 좌석이 칸막이를 세운 1인석이라 테이블 회전은 빠른 편. 메뉴는 천연 돈코츠 라멘 하나뿐이다. 기다릴 때 직원이 나눠주는 주문 용지에 기름진 정도, 면의 익힘 정도 등을 체크한다.

본사 총본점 本社総本店 福岡市博多区中洲5-3-2 지하철 나카스카와바타역 2번 출구에서 도보 1분 24시간, 부정기 단축 영업 연중무휴 천연 돈코츠 라멘 ¥980 ichiran.com/shop/kyushu/sohonten ichiran_jp p.58-A3

Pick 요시즈카 우나기야 博多名代 吉塚うなぎ屋

150년 전통 장어 전문점

추천 메뉴는 장어와 밥이 따로 나오는 우나주. 양념 소스가 따로 나와 취향에 맞게 간을 맞출 수 있다. 채소 절임과 국물도 간이 세지 않다. 한국어 메뉴판이 있으며 오픈 직후와 식사 시간 외에는 많이 기다리지 않는 편.

福岡市博多区中洲2丁目8-27 지하철 나카스카와바타역 4번 출구에서 도보 5분 10:30~21:00(주문 마감 20:00) 수요일, 오봉 연휴, 연말연시 우나주 장어 양에 따라 ¥3,570~ yoshizukaunagi.com yoshizukaunagiya p.58-B3 2층에서 대기표로 대기 시간 확인. 전화 예약만 가능

Pick 왕교자 王餃子

왁자지껄! 맛있는 로컬 중화요리

후쿠오카의 명물인 '한입 교자'를 맛볼 수 있는 곳. 1964년부터 자리를 지켜왔다. 4인 테이블 3개 외에는 바 테이블이라 많은 인원이 들어가긴 어렵다. 교자와 볶음밥 외에도 하카타에서 찾기 힘든 쇼유 라멘 등 모든 음식이 평균 이상이다. 한국어 메뉴판이 있고 일부 메뉴는 포장이 가능하다.

福岡市博多区中洲2-5-9 지하철 나카스카와바타역 1번 출구에서 도보 5분 15:30~03:00 일요일 한입 교자 ¥550, 하카타 쇼유 라멘 ¥750, 볶음밥 ¥830 p.58-B3

하카타 하나미도리 水たき料亭 博多華味鳥

고급스러운 닭 요리 전문점

아지, 하나, 킨카, 호우오우(예약 필수) 등 4가지 코스로 미즈타키와 요리를 맛볼 수 있다. 마무리는 죽과 면 중에서 고를 수 있다.

하카타에키마에점 博多駅前店 福岡市博多区博多駅前3-23-17第2福岡ONビル1F JR 하카타역 하카타 출구에서 도보 6분 11:30~15:00(주문 마감 14:00), 월~토 17:00~23:00(주문 마감 22:00), 일·공휴일 17:00~22:00(주문 마감 21:00) 연말연시 아지 코스 ¥4,000, 하나 코스 ¥5,000 hanamidori.net p.59-D4 구글 지도에서 예약 가능(예약 권장)

타츠미 스시 博多 たつみ寿司

가성비 최고인 점심 스시 코스

정갈한 공간에서 합리적인 가격에 스시 오마카세를 맛볼 수 있다. 오후 2시까지 주문 가능한 코스가 가장 저렴하며, 5시까지 주문 가능한 우메, 타케, 마츠의 만족도가 높은 편이다.

총본점 総本店 福岡市博多区下川端町8-5
지하철 나카스카와바타역 7번 출구에서 도보 3분
11:00~22:00(주문 마감 21:30) 월요일, 1/1
점심 코스 ¥2,000, 우메(梅) ¥3,000, 타케(竹) ¥4,000, 마츠(松) ¥5,500 tatsumi-sushi.com
p.58-B2

카베야 카와바타 加辺屋 川端

현지인이 찾는 친절한 소바 맛집

60여 년 전통의 소바 전문점이다. 자리에 앉으면 따듯한 면수가 먼저 나온다. 면은 적당히 찰지고 부드러우며 깨끗한 기름으로 튀긴 튀김은 깔끔하다. 새우 텐동도 인기가 많다.

본점 本店 福岡市博多区下川端町1-9
지하철 나카스카와바타역 7번 출구에서 도보 3분
11:00~16:00(주문 마감 15:45) 화요일
텐자루 소바(天ざるそば) ¥1,400, 새우 텐동(天丼) ¥1,300. 현금 결제만 가능 p.58-B2

포타마 ポーたま

후쿠오카에서 만난 오키나와 밥상

구운 스팸(포크)과 달걀부침(타마고)이 들어간 포타마가 기본이며 명란, 매운 갓 절임을 넣은 하카타 멘타마는 이 지점에서만 판매한다. 대부분이 포장 손님이지만 먹고 갈 수도 있다.

쿠시다오모테산도점 櫛田表参道店 福岡市博多区冷泉町3-15 지하철 기온역 2번 출구에서 도보 3분 07:00~20:00 무휴 포타마 ¥390, 하카타 멘타마 ¥700 porktamago.com p.58-C2

카레 스파이스 カレー スパイス

건담이 반기는 카레 파라다이스

20종의 향신료를 넣어 만든 카레에 취향에 따라 고춧가루를 넣어 먹는다. 인기 메뉴인 함바그 카레는 13인분만 한정 판매하며, 오늘의 카레는 평일에만 주문 가능하다.

福岡市博多区上川端町14-30 지하철 나카스카와바타역 5번 출구에서 도보 5분 11:00~15:00(토 14:00) 일요일 오늘의 카레(日替わりカレー) ¥900, 수제 함바그 카레(手作りハンバーグカレー) ¥1,330, 현금 결제만 가능 p.58-B2

하카타 아카초코베 博多あかちょこべ

낮에는 우동집, 밤에는 술집!

면이 주전자에 담겨 나오는 즈보라 우동(곱창, 낫토, 카레)과 다진 고기가 들어간 원조 키마 카레 우동이 유명하다. 카레 우동을 주문하면 육수를 따로 내어준다.

福岡市博多区冷泉町7-10 지하철 나카스카와바타역 5번 출구에서 도보 5분 11:30~14:00(주문 마감 13:30), 18:00~23:30(주문 마감 23:00), 토요일은 저녁에만 영업 일요일 즈보라 우동(ずぼら うどん) ¥720~940, 원조 키마 카레 우동(元祖キーマカレーうどん) ¥940, 현금 결제만 가능 p.58-B2

부타소바 츠키야 豚そば 月や

호불호 없는 깔끔한 국물

맑은 돼지국밥을 연상시키는 깨끗한 국물의 부타소바가 대표 메뉴. 보통 굵기의 면에 차슈만 올린다. 쪽파와 귤의 일종인 카보스(カボス)를 제공한다.

본점 本店 福岡市博多区中洲2丁目5-2森ビル1F 지하철 나카스카와바타역 4번 출구에서 도보 6분 18:00~02:30(주문 마감 02:00) 일요일, 공휴일 부타소바(豚そば) ¥800. 현금 결제만 가능 tsuki-ya.net p.58-B3

라멘 우나리 ラーメン海鳴

나카스 강변에서 만난 정겨운 라멘집

돼지 뼈와 해산물로 육수를 낸 교카이 돈코츠 라멘이 유명하다. 바질이 들어간 라멘 제노바와 매운 양념이 들어간 라멘 히부타보네는 나카스점 한정. 밤 10시 이후 흡연할 수 있다.

나카스점 中洲店 福岡市博多区中洲3-6-23和田ビル1F角号 지하철 나카스카와바타역 4번 출구에서 도보 4분 18:00~06:00 일요일 교카이 돈코츠 라멘(魚介とんこつラーメン) ¥820. 자판기에서 현금 결제만 가능 ramen-unari.com p.58-B3

하이볼바 나카스1923 ハイボールバー 中洲 1923

위스키 하이볼 입문에 제격

대중적인 위스키부터 요새 찾아보기 어려운 일본 위스키까지 다양하게 구비되어 있다. 대표 메뉴인 '나카스 하이볼'은 글렌피딕 12년과 직접 만든 탄산수로 제조한다. 흡연 가능.

福岡市博多区中洲4-4-10ホテルリソル博多1F 지하철 나카스카와바타역 1번 출구에서 도보 3분 18:30~02:00(일·공휴일 24:00) 무휴 나카스 하이볼 ¥780, 자릿세 ¥550 p.58-B3

야키토리야 이오리 焼とり家 庵

야키토리로 새벽까지 북적북적

샐러드부터 모둠 회, 모츠나베까지 안주가 다양하고 주종도 골고루 갖추고 있다. 한국어 메뉴판이 있고, 붐비지 않는 시간에는 메뉴 추천도 받을 수 있다.

福岡市博多区博多駅前4-15-17 エステートモア博多公園通り1F JR 하카타역 하카타 출구에서 도보 5분
17:30~04:00, 일 17:00~01:00 연말연시
야키토리 ¥120~, 생맥주 ¥580, 하이볼 ¥450~, 자릿세 ¥350 iori-fukuoka.com p.59-E4
구글 지도에서 예약 권장

미뇽 ミニヨン

지하철 역사를 휘감는 맛있는 냄새

손바닥보다 작은 크루아상을 무게로 판매한다. 플레인, 고구마, 초콜릿, 명란젓 등 다양한 맛 중에서 품목과 개수를 말하면 된다. 가게를 정면으로 봤을 때 오른쪽에 인기 메뉴가 많다.

하카타점 博多店 福岡市博多区博多駅中央街1-1 JR博多駅構内1F JR 하카타역 1층
07:00~23:00 플레인 크루아상 100g당 ¥194 mignon-mini-croissant.com
mignon_minicroissant p.59-E3

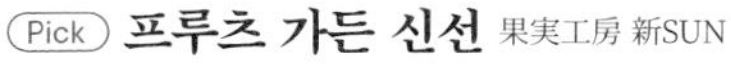

Pick 프루츠 가든 신선 果実工房 新SUN

생크림이 듬뿍! '맛없없' 프루츠 산도

과일 샌드위치인 프루츠 산도 전문점이다. 스테디셀러인 딸기를 비롯해 망고, 멜론 등 계절 한정 메뉴도 있다. 한큐 백화점 지하 1층 식품관에도 지점이 있다.

잇핀도리점 いっぴん通り店 福岡市博多区博多駅中央街1-1 博多デイトス 1F いっぴん通り JR 하카타역 1층
08:00~21:00 부정기 딸기 피스타치오 크림(いちごピスタチオクリーム) ¥680 p.59-E3

불랑주 BOUL' ANGE

고소한 크루아상 향기를 따라서

크루아상과 페이스트리 종류가 인기 있다. 종류가 너무 많아 고민된다면 매장에 놓인 '인기 메뉴 순위'를 참고하자.

다이하카타빌딩점 福岡大博多ビル店 福岡市博多区博多駅前2-20-1 大博多ビル1F JR 하카타역 하카타 출구에서 도보 7분 평일 07:30~21:00, 주말·공휴일 08:00~20:00 부정기 크루아상 ¥220~ flavorworks.co.jp/brand/boulange.html boulange.jp p.59-D3

푸글렌 후쿠오카 FUGLEN FUKUOKA

천장이 높고 통창이 시원한 카페

노르웨이에서 시작된 카페. 일본의 다른 카페에 비해 커피는 연한 편이다. 브라운 치즈를 듬뿍 올린 오픈 샌드위치가 인기다.

福岡市博多区博多駅東1-18-33博多イーストテラス 1F JR 하카타역 치쿠시 출구에서 도보 5분 08:00~20:00(금~일 22:00) 부정기 오늘의 커피 ¥410~, 브라운 토스트 ¥900 fuglenfukuoka p.59-F3

Pick 카페 미엘 カフェミエル

다양한 커피가 있는 고풍스러운 공간

원두 종류와 추출 방식에 따라 가격이 달라지며, 원하는 스타일을 말하면 추천해준다. 티라미수, 샌드위치 등 간단한 음식도 맛있다.

福岡市博多区博多駅前2-2-1 福岡センタービル B2F JR 하카타역 지하와 이어지는 빌딩 내부 평일 09:00~19:00(주말·공휴일 18:00) 화요일 커피 ¥900~, 티라미수 ¥850. 현금 결제만 가능 honeycoffee.com/shop/miel p.59-E3

Pick 스즈카케 鈴懸

100년 전통의 화과자 전문점

카페 이용객 대기가 있더라도 포장은 바로 가능하다. 하나를 구매해도 포장이 정성스러워 선물로 좋으나 유통기한이 짧은 편. 카페의 대표 메뉴는 아이스크림 위에 종 모양 모나카와 과일을 올린 스즈 파르페이며 호지차가 함께 나온다.

본점 本店 福岡市博多区上川端町12番20号ふくぎん博多ビル1F 지하철 나카스카와바타역 5번 출구에서 도보 2분 카페 11:00~19:00, 매장 09:00~19:00 1/1~2 스즈 파르페(すずのパフェ) ¥1,050 suzukake.co.jp suzukake_official p.58-B2

Pick 조스이안 如水庵

면세점에서 본 그 콩고물 인절미

후쿠오카 곳곳에서 한 번쯤은 보게 될 명물, 콩고물 떡 '츠쿠시모치'를 판매한다. 이 외에 딸기, 밤, 망고, 토마토 등 다양한 소가 들어간 찹쌀떡이 있다. 다소 비싼 가격과 유통기한이 당일이라는 게 단점이지만 그만큼 실하고 맛이 좋다.

하카타 에키마에 본점 博多駅前本店 福岡市博多区博多駅前2-19-29 JR 하카타역 하카타 출구에서 도보 5분 평일 09:00~19:00, 주말·공휴일 09:30~18:00 무휴 딸기 찹쌀떡 ¥659, 츠쿠시모치(筑紫もち) 5개 세트 ¥864 corp.josuian.jp 52josuian_official p.59-D3

토카도코히 豆香洞コーヒー

오롯이 커피에 집중하는 가게

로스팅 정도에 따라 2번부터 8번까지 번호가 붙어 있는데 8번은 쓴맛이 느껴질 만큼 진하다. 바 테이블 6개가 전부인 매장이지만 커피 맛이 훌륭해 방문할 만하다.

하카타리버레인몰점 博多リバレインモール店
福岡市博多区下川端町3-1博多リバレインモールB2F 지하철 나카스카와바타역 6번 출구에서 연결. 하카타 리버레인 몰 지하 2층 10:00~19:00 부정기 커피 ¥484, 아이스커피 ¥594 tokado-coffee.com p.58-B2

(Pick) 풀풀 하카타 THE FULL FULL HAKATA

명란 바게트 굽는 향기가 풀풀

10분에 한 번, 하루 50번 이상 명란 바게트를 굽는다. 명란 바게트는 계산대에서 바로 살 수 있고, 갓 나온 바게트가 없을 땐 번호표를 준다. 계산 후 먹고 갈 수 있는 공간이 있다.

福岡市博多区祇園町9-3 JR 하카타역 하카타 출구에서 도보 8분 10:00~19:00 화요일 명란 바게트 ¥480 full-full.jp p.58-C3

화이트 글라스 커피 후쿠오카

WHITE GLASS COFFEE FUKUOKA

넓고 여유로운 브런치 카페

오전 10시까지는 샐러드와 토스트가 포함된 모닝 세트, 11시부터 오후 3시까지는 런치 세트를 주문할 수 있다. 세트에는 드립 커피, 카페라테 등 음료가 포함된다.

福岡県福岡市博多区博多駅前3-16-3 JR 하카타역 하카타 출구에서 도보 8분 08:00~20:00 연말연시 커피 ¥528~, 모닝 세트 ¥900~ whiteglasscoffee.com whiteglasscoffee_f p.58-C4

라라포트 후쿠오카 ららぽーと福岡

후쿠오카의 진짜 수호신, 건담을 찾아서

2022년 문을 연 복합 쇼핑몰로 200개가 넘는 점포가 모여 있다. 1층 슈퍼마켓은 규모가 크고 시내 중심부보다 가격이 저렴하다. 슈퍼마켓에 위치한 푸드 마르셰의 출구로 나가면 라라포트의 명물인 실물 크기 건담을 만날 수 있는데, 높이가 24.8m로 건담 입상 중에서 가장 크다. 오전 10시부터 오후 6시까지 매시 정각에 건담이 움직이는 모습을 볼 수 있고, 오후 7시부터 9시까지 30분마다 매번 다른 건담 영상을 상영한다. 쇼핑몰 곳곳에 아이들을 위한 공간이 마련되어 있다. 1층 중앙에 안내 데스크와 면세 카운터가 있으며, 면세 정책은 점포마다 다르다.

福岡市博多区那珂 6-23-1 하카타 버스 터미널 13번 정류장에서 40L·44·45번 버스로 20분 상점 10:00~21:00, 푸드 마르셰 10:00~21:00, 음식점 11:00~22:00 무휴 mitsui-shopping-park.com/lalaport/fukuoka lalaport_official p.59-F5

층별 주요 매장

4	건담 파크 후쿠오카, 반다이 남코
3	푸드 코트, 점프 숍, 아카짱 혼포, ABC 마트, 야마다 전기
2	유니클로, 지유, 자라, 로프트, 토이 자러스,
1	종합 안내소, 면세 카운터, 슈퍼마켓, 푸드 코트, 서점, 무인양품, 스리코인스 플러스, 후쿠오카 장난감 미술관(외부)

요도바시카메라 멀티미디어 ヨドバシカメラ マルチメディア

전자제품부터 캠핑 용품까지

지하 1층에는 게임, 장난감, 문구 매장, 3층에는 아웃도어 매장인 이시이스포츠, 4층에는 슈퍼마켓 로피아와 다이소, 음식점이 있다. 면세 정책은 요도바시카메라 매장과 그 외 매장이 각기 다르다.

하카타점 博多店 福岡市博多区博多駅中央街6-12 JR 하카타역 치쿠시 출구에서 도보 3분 09:30~22:00 무휴 p.59-E4

로피아 ロピア

다양한 식료품을 저렴한 가격에

요도바시카메라 4층에 위치한 대형 슈퍼마켓. 오후 5시 이후부터는 상당히 붐비며, 직원이 바코드를 스캔해서 넘겨주면 고객이 기계에 돈을 직접 넣는 방식으로 계산한다. 현금 결제만 가능하고 면세는 받을 수 없다.

하카타 요도바시점 博多ヨドバシ店 福岡市博多区博多駅中央街6-12ヨドバシ博多4F JR 하카타역 치쿠시 출구에서 도보 3분. 요도바시카메라 4층 10:00~20:00 무휴 p.59-E4

다이소 ダイソー

후쿠오카에서 가장 넓은 다이소

가격표 없는 모든 상품이 세금 포함 100엔이며, 셀프 계산대에서 한국어가 지원된다. 자매 브랜드인 스탠더드 프로덕츠(Standard Products)와 스리피(THREEPPY) 매장이 같은 층에 있으며 모두 면세가 되지 않는다.

하카타 버스 터미널점 博多 バスターミナル店 福岡市博多区博多駅中央街2-1 博多バスターミナル店 5F
JR 하카타역에서 연결. 하카타 버스 터미널 건물 5층
09:00~21:00 부정기 p.58-E3

하카타 리버레인 몰 博多リバレインモール

쇼핑 말고도 즐길 거리 가득!

카와바타 상점가와 나카스를 오가는 길목에 위치한 쇼핑몰로 지하 2층에 100엔 숍 세리아(Seria)가 있고, 1층에는 일본 전통 생활 도구를 판매하는 토키네리(トキネリ), 유리 공예품을 파는 스가하라(Sghr) 매장 등이 있다. 5~6층에 호빵맨 어린이 박물관, 7층에 후쿠오카 아시아 미술관이 자리한다.

福岡市博多区下川端町3-1 지하철 나카스카와바타역 6번 출구에서 연결 10:00~19:00 12/31~1/1 hakata-riverainmall.jp p.58-B2

돈키호테 ドン・キホーテ

자잘하게 샀을 뿐인데 돈이 어디로?

2층 매장의 면적이 훨씬 넓고 면세 계산대는 2층에만 있다. 1~2층에서 구매한 물건을 한꺼번에 면세 받고 싶다면 1층에서 고른 물건을 1층 계산대에 맡긴 후 번호가 적힌 종이를 받아 2층에서 계산할 때 직원에게 보여주면 된다.

나카스점 中洲店 福岡市博多区中洲3-7-24 지하철 나카스카와바타역 4번 출구에서 바로 24시간 무휴 p.58-B2

맥스밸류 익스프레스 マックスバリュエクスプレス

24시간 열리는 대형 슈퍼마켓

다른 대형 슈퍼마켓보다 가격은 조금 비싼 편이지만 연중무휴, 24시간 영업하는 게 장점이다. 새벽에도 도시락 같은 신선식품은 새로 만들어서 진열해 놓는다. 면세는 불가능하고 계산대 옆에 이온 ATM이 있다.

하카타기온점 博多祇園店 福岡市博多区祇園町7-20 지하철 쿠시다진자마에역 3번 출구에서 도보 1분 24시간 무휴 p.58-C3

Area 02

우리들의 두 번째 여행지
텐진·다이묘·야쿠인

天神
大名
薬院

UOKA

Intro & Access

텐진·다이묘·야쿠인으로의 여행

큐슈 제일의 번화가인 텐진은 쇼핑을 좋아하는 사람에게는 천국 같은 곳이다. 백화점과 쇼핑몰이 모여 있고 골목 구석구석에 개성 가득한 상점이 즐비하다. 텐진에서 걸어서 갈 수 있는 다이묘, 야쿠인까지 범위를 넓히면 통장이 텅텅 비는 건 시간문제. 늦은 밤까지 문을 여는 음식점도 많고 하카타 못지않게 교통도 편리해 이곳에 숙소를 잡고 여행해도 좋다.

Access

출발	교통	도착
후쿠오카쿠코역	지하철 쿠코선 11분, ¥260	텐진역
하카타역	지하철 쿠코선 5분, ¥210	텐진역
나카스카와바타역	지하철 쿠코선 1분, ¥210	텐진역
나카스	도보 10분	텐진

텐진 숙소

텐진 숙소 잡기

텐진 구역은 오호리 공원·시사이드 모모치 해변 공원과 가까워 후쿠오카 시내만 둘러본다면 가장 접근성이 좋다. 니시테츠 전철, 고속버스로 근교 도시로 이동하기에도 편리하다. 하카타보다는 늦게까지 영업하는 가게가 많고 백화점, 쇼핑몰 외에 개성 넘치는 작은 가게가 많아 쇼핑하기 좋다는 것도 장점이다. 단, 하카타나 나카스 구역과 비교해 공항에서 멀고 JR이 다니지 않는 것이 단점.

Tips. 이런 사람에게 추천!
후쿠오카 시내에만 머무는 여행자. 쇼핑을 가장 중요하게 생각하는 여행자.

텐진 지역 추천 숙소

상호	이동	가격대
솔라리아 니시테츠 호텔 후쿠오카	지하철 텐진역에서 텐진 지하상가를 지나 도보 5분	20만 원~
니시테츠 그랜드 호텔	지하철 텐진역에서 텐진 지하상가를 지나 도보 6분	15만 원~
리치몬드 호텔 텐진 니시도리	지하철 텐진역에서 텐진 지하상가를 지나 도보 8분	15만 원~
니시테츠인 후쿠오카	지하철 텐진역에서 도보 5분	12만 원~
호텔 몬토레 라 수르 후쿠오카	지하철 텐진역에서 텐진 지하상가를 지나 도보 6분	11만 원~
호텔 오리엔트 익스프레스 후쿠오카 텐진	지하철 텐진역에서 텐진 지하상가를 지나 도보 6분	10만 원~
퀸뎃사 호텔 후쿠오카 텐진	지하철 텐진역에서 텐진 지하상가를 지나 도보 6분	10만 원~
호텔 잘 시티 후쿠오카 텐진	지하철 아카사카역에서 도보 1분	15만 원~
도큐 스테이 후쿠오카 텐진	지하철 텐진미나미역에서 도보 3분	13만 원~

* 가격은 비수기 평일, 2인 기준 최저가

A
B
C
Map
1
텐진·다이묘·야쿠인 지도
커넥트 커피
이온 쇼퍼즈
재즈 바 브라우니
하카타 라멘 신신
미나 텐진
이나바초 잇케이
2
텐진역
하카타 고마사바야
후쿠오카 파르코
텐진 지하상가
이와타야 백화점 (신관)
코히샤 노다
토지
후쿠오카 다이묘 가든 시티
이와타야 백화점 (본관)
미츠코시 백화점
다이마루 백화점
아카사카역
니시테츠후쿠오카(텐진)역
케고 공원
텐진 버스 터미널
다이묘 쇼핑 거리(영역)
스투시
저스트미트
케고 신사
3
슈프림
빅카메라 (텐진2호점)
빅카메라 (텐진1호점)
코히 하나사카
준쿠도 서점
왓파테이쇼쿠도
돈키호테
스탠드 유미네코 요카
야마야
멘야가가
멘야 카네토라
우오추
돈카츠 요시다
토리카와 야키토리 미츠마스
4
봄바키친
스리 비 포터스
야쿠인역
야쿠인오도리역
샌드위치 스탠드
더 루츠 네이버후드 베이커리
5
프랑스 과자 16구

D
E
F
1
2
3
4
5
나카스카와바타역
기온역
텐푸라 히라오(B2F)
아지노마사후쿠(B2F)
후쿠오카시 아카렌카 문화관
스이쿄텐만구
토피 파크
구 후쿠오카현 공회당 귀빈관
쿠시다진자마에역
아크로스 후쿠오카
팽스톡
텐진 중앙 공원(영역)
렉 커피
텐진미나미역
후쿠오카 공항
라멘 나오토
사케토 교자토 시타고코로
와타나베도리역
쿠시카츠 센스
쇼쿠도 미츠
Sightseeing
Food&Drink
Shopping
0
110m
커피 카운티
디그 인
하이타이드 스토어 후쿠오카
N

텐진 중앙 공원 天神中央公園

현지인이 사랑하는 벚꽃 명소

매년 봄이면 강을 따라 늘어선 벚나무가 연분홍 벚꽃 터널을 만든다. 중요문화재인 옛 후쿠오카현 공회당 귀빈당(화~일 09:00~18:00, 유료)과 유람선 매표소가 있다.

福岡市中央区天神1-1 지하철 텐진역 16번 출구에서 도보 2분 tenjin-central-park.jp tenjin.central.park.amenis p.95-D2

아크로스 후쿠오카 アクロス福岡

계단식 정원이 아름다운 빌딩

텐진 중앙 공원의 잔디 광장 앞에 위치한다. 계단식 구조로 공원과 맞닿은 전체 테라스에 식물을 심어 수직 정원을 이룬다. 1~2층에 위치한 타쿠미 갤러리(匠ギャラリー)에서는 후쿠오카의 전통 공예품을 감상 및 구매할 수 있다. 2층에는 후쿠오카시 관광 안내소가 있다.

福岡市中央区天神1-1-1 지하철 텐진역 16번 출구에서 연결, 텐진 중앙 공원 잔디 광장 앞 acros.or.jp p.95-D2

케고 신사 警固神社

쇼핑은 접어두고 신사에서 라테 한잔

400년 넘는 전통과 백화점으로 둘러싸인 입지 덕에 사람들의 왕래가 끊이지 않는 신사. 300년 이상 자리를 지키고 있는 녹나무와 이르게 피는 벚나무가 울창하다. 큐슈 지방에서 유일한 블루보틀 매장이 신사 사무실 건물 1층에 있다.

福岡市中央区天神2-2-20 니시테츠후쿠오카(텐진)역 미츠코시 출구에서 도보 1분 06:30~18:00 kegojinja.or.jp p.94-C3

스이쿄텐만구 水鏡天満宮

저도 공부 잘하게 해주세요!

학문의 신 스가와라노 미치자네를 모신다. 다자이후로 좌천되어 가는 길에 자신의 모습을 강물에 비춰봤다는 일화에서 스이쿄텐만(물에 비친 스가와라노 미치자네)이라는 명칭이 유래했다.

福岡市中央区天神1-15-4 아크로스 후쿠오카에서 도보 2분 07:00~19:00 무휴 p.95-D2

후쿠오카시 아카렌가 문화관

福岡市赤煉瓦文化館

강변 옆 영국식 벽돌 건물

도쿄역, 옛 서울역 등을 설계한 다츠노 긴고(辰野金吾)가 설계한 붉은 벽돌 건물로 1909년에 지었다. 1층에 카페가 있다.

福岡市中央区天神1-15-30 지하철 텐진역 16번 출구에서 도보 4분 09:00~22:00 월요일, 12/29~1/3 무료 p.95-D2

후쿠오카 다이묘 가든 시티 福岡大名ガーデンシティ

폐교가 도심 속 휴식 공간으로

2014년 폐교한 초등학교 자리에 새롭게 들어선 복합 시설. 운동장이었던 자리에는 넓은 잔디 광장이 들어섰고, 새로 지은 고층 빌딩과 과거의 학교 건물이 광장을 사이에 두고 마주 보고 있다. 누구나 자유롭게 드나들 수 있고 주말에는 다양한 이벤트가 열린다.

福岡市中央区大名2-6-50 지하철 텐진역 2번 출구에서 도보 4분 fukuoka-dgc.jp p.94-B2

Pick 하카타 고마사바야 博多 ごまさば屋

고소한 고등어회 무침과 생선 요리

고등어회에 참깨 소스를 곁들인 '고마사바'를 밥과 함께 먹는 정식이 대표 메뉴. 밥과 고마사바가 각기 다른 그릇에 나오는데 따로 먹거나 밥에 얹어 먹어도 되고 마무리로 육수를 부어 먹어도 좋다. 회 모둠 정식은 점심 10인분만 판매하기 때문에 오픈 시간 방문을 추천한다.

福岡市中央区舞鶴1-2-11おがわビル1F 지하철 아카사카역 5번 출구에서 도보 5분
11:00~14:30(주문 마감 14:00). 17:30~22:30(주문 마감 22:00) 일요일 고마사바 덮밥 정식(ごまさば丼定食) ¥1,000, 회 모둠 정식(お刺身定食) ¥1,500. 자판기에서 현금 결제만 가능
p.94-B2

텐푸라 히라오 天麩羅処ひらお

바삭바삭 갓 나온 튀김은 못 참지!

식사를 마칠 때까지 바삭한 텐푸라를 맛볼 수 있다. 채소, 닭튀김, 새우 등 8종의 정식에는 텐푸라, 밥, 된장국, 유자가 들어간 오징어젓갈이 함께 나온다. 늘 대기 고객이 있는 편이지만 의자가 많아 앉아서 기다릴 수 있다. 다이묘 가든 시티 근처의 다이묘점이 더 붐빈다.

텐진아크로스점 天神アクロス福岡店 福岡市中央区天神1-1-1アクロス福岡B2F 지하철 텐진역 16번 출구에서 연결. 아크로스 후쿠오카 지하 2층 10:30~20:00(주문 마감 19:30) 12/31~1/2 B 튀김 정식 ¥940. 자판기에서 현금 결제만 가능 hirao-foods.net/shop
p.95-D2

Pick 멘야 카네토라 麺や兼虎

후쿠오카 최고의 츠케멘 전문점

주문 자판기 첫 화면은 '매운 츠케멘(辛辛つけ麺)'이고 최상단 두 번째 버튼인 '농후 츠케멘'이 기본이다. 농후 츠케멘에 테이블에 놓인 매운 양념을 넣으면 매운 츠케멘이 된다. 면이 쫄깃하고 구수해 그냥 먹어도 심심하지 않다. 도보 10분 거리인 후쿠오카 파르코 지하 1층에도 지점이 있다.

텐진 본점 天神本店 福岡市中央区渡辺通4-9-18福酒ビル1F 텐진 지하상가 서12c 출구에서 도보 1분 10:15~22:45 무휴 농후 츠케멘(濃厚つけ麺) ¥1,150~. 자판기에서 현금 결제만 가능 kanetora.co.jp kanetora_tenjinhonten p.94-C3

Pick 멘야가가 麺屋我ガ

이치란의 손자가 운영하는 라멘집

매운 양념이 들어간 국물은 이치란과 비슷하나 질감이 좀 더 가벼워 돈코츠 라멘이 익숙하지 않아도 부담이 없다. 깔끔하고 넓은 공간에 어린이 메뉴와 아기 의자가 있어 가족 여행자에게도 제격. 입구가 잘 보이지 않아 지나칠 수 있으니 주의하자.

텐진점 天神店 福岡市中央区今泉2-5-6-1F-B 니시테츠후쿠오카(텐진)역에서 도보 8분 11:00~24:00 부정기 라멘 ¥790, 미니 라멘 ¥490 menya-gaga.com menyagaga_official p.94-B3

(Pick) **라멘 나오토** らぁ麺 なお人

돈코츠 라멘이 무겁게 느껴질 때

후쿠오카에서는 보기 드문 닭과 오리로 육수를 낸 쇼유 라멘이 대표 메뉴. 국물, 면, 고명의 조합이 훌륭하다. 테이블에 놓인 레몬 후추를 뿌리면 또 다른 맛으로 즐길 수 있다.

福岡市中央区渡辺通5-10-28 南天神 ビル1-D 지하철 텐진미나미역 6번 출구에서 도보 3분 12:00~15:30, 17:30~21:30 수요일 닭과 오리 쇼유 라멘(鶏と鴨の醤油らぁ麺) ¥1,000~. 자판기에서 현금 결제만 가능 tokyo_ramen_stand p.95-D3

하카타 라멘 신신 博多らーめんShinShin

후쿠오카 시내에만 지점이 20개!

후쿠오카를 대표하는 돈코츠 라멘 전문점. 가는 면발에 돼지 뼈와 닭고기를 함께 우린 육수를 넣어 맛이 깔끔하다. 기본 라멘 외에 짬뽕, 볶음면, 볶음밥 종류도 많다.

텐진 본점 天神本店 福岡市中央区天神3-2-19 1F 텐진 지하상가 서1 출구에서 도보 2분 11:00~03:00(주문 마감 02:30) 수요일, 매월 세 번째 화요일 라멘 ¥820~ hakata-shinshin.com p.94-B2

쇼쿠도 미츠 食堂 光

기다림도 즐거운 가성비 시장 맛집

시장 안에 있는 만큼 신선한 해산물 요리를 저렴한 가격에 먹을 수 있다. 명단에 이름을 쓰면 2층의 대기 공간으로 안내해준다. 인기 메뉴는 카이센동 정식.

福岡市中央区春吉1-6-1 柳橋連合市場 지하철 와타나베도리역 2번 출구에서 도보 6분. 야나기바시 시장 내 10:00~14:00(주문 마감 13:30), 17:30~21:00(주문 마감 20:30) 일요일, 매월 두 번째·네 번째 수요일, 공휴일 저녁 카이센동 정식(海鮮丼定食) ¥1,300~. 현금 결제만 가능 shokudou_mitsu p.95-E4

아지노마사후쿠 味の 正福

생선을 곁들인 정갈한 한 끼

구이, 조림, 튀김 등 다양하게 조리한 생선 반찬으로 든든한 한 끼를 먹을 수 있다. 근처 직장인들에게 인기가 많아 점심때는 붐빈다. 인기 메뉴는 은대구 조림 정식.

福岡市中央区天神1-1-1アクロス福岡B2F 지하철 텐진역 16번 출구에서 연결. 아쿠로스 후쿠오카 지하 2층 11:00~21:00(주문 마감 20:00) 목요일 은대구 조림 정식(銀だらみりん定食) ¥1,550 masafuku.com p.95-D2

왓파테이쇼쿠도 天神 わっぱ定食堂

된장국으로 차려낸 일본 가정식

돼지고기 된장국인 톤지루가 맛있는 가정식 전문점. 생선류, 육류 등 반찬을 각각 2가지, 3가지 골라 먹는 정식도 있다. 밥은 리필 가능하고 절임 반찬, 김 등은 셀프 바에서 가져다 먹을 수 있다.

福岡市中央区今泉1-11-7 텐진 지하상가 서12c 출구에서 도보 4분 11:30~21:30(주문 마감 21:00) 수요일, 부정기 톤지루(豚汁) 정식 ¥1,180. 현금 결제만 가능 teisyoku.net/tenjin p.94-C3

이나바초 잇케이 因幡町 一慶

갓 지은 흰쌀밥에 도미회 한 점

모츠나베 전문점에서 운영하는 밥집 겸 술집. 식사 메뉴로는 도미회 덮밥인 타이차즈케(鯛茶漬け)가 인기. 안주는 꼬치구이부터 회 모둠까지 종류가 다양하다.

福岡市中央区天神1-10-20天神ビジネスセンターB2F 지하철 텐진역 15번 출구에서 연결. 텐진 비즈니스 센터 지하 2층 평일 11:00~14:00, 16:00~23:30, 주말 11:00~23:30 무휴 타이차즈케(도미 양에 따라) ¥1,200~ tenjinbc-shops.jp/shop/90 p.94-C2

Pick 우오추 田中田式海鮮食堂 魚忠

여행자에게 인기 만점 덮밥집

해산물 덮밥인 우오추동 외에 텐동, 카츠동 등 어떤 메뉴를 시켜도 실패가 없다. 평일 점심 세트 가성비가 훌륭하다. 한국어 메뉴판을 보고 태블릿으로 주문한다. 쾌적한 공간에 어린이 메뉴도 있어 가족 여행자에게 추천한다.

福岡市中央区今泉1-18-26 니시테츠후쿠오카(텐진)역에서 도보 10분 11:30~21:30(주문 마감 21:00) 수요일(공휴일인 경우 다음 날 휴무) 우오추동(魚忠丼) 소 ¥2,380 uochuu.net p.94-C3

저스트미트 焼肉 ホルモン モツ煮込み ジャストミート

'육식파'라면 놓칠 수 없는 고기 천국

고기 부위가 너무 많아 고르기 어려울 땐 추천 메뉴 중에서만 선택해도 만족스럽다. 점원이 굽는 방법을 설명해주고 중간중간 굽기나 불판을 살핀다. 기본 반찬인 양배추는 계속 리필 가능하다.

福岡市中央区大名1-14-51F B号室 텐진 지하상가 서12a 출구에서 도보 7분. 모토무라 규카츠 오른쪽 건물 17:00~01:00(주문 마감 24:00) 월요일(공휴일인 경우 다음 날 휴무) 고기 모둠 ¥6,600, 호르몬과 살코기 모둠 ¥3,938, 자릿세 ¥330 justmeat_daimyo p.94-B3
인스타그램 예약 가능(예약 권장)

Pick 토리카와 야키토리 미츠마스 とりかわ やきとり みつます

닭 껍질 꼬치가 이렇게 맛있을 일인가!

대표 메뉴는 바삭한 닭 껍질 꼬치. 그 외에도 메뉴판에 빨간 동그라미로 표시한 메뉴가 인기 있다. 두 번째 주문부터는 QR코드를 이용할 수 있어 편리하다. 계산서와 함께 우리나라의 닭곰탕과 비슷한 국물을 내어준다.

텐진점 天神店 福岡市中央区今泉 -4-23ぴっぴーハウス1F 텐진 지하상가 서12c 출구에서 도보 12분 17:00~24:00(주문 마감 23:30) 무휴 닭 껍질(ぐる皮) 꼬치 ¥165, 생맥주 ¥528~, 하이볼 ¥550, 자릿세 ¥220 mitsumasu-tenjin.owst.jp p.94-B4 구글 지도 예약 가능

사케토 교자토 시타고코로 酒と餃子と舌心

만두를 안주로 즐기는 니혼슈

대표 메뉴는 만두. 군만두는 생강, 대파가 들어간 '달'과 마늘, 부추가 들어간 '태양' 2종이 있다. 물만두에는 생강과 부추가 들어간다. 샘플러 격인 '노미구라베'를 주문하면 니혼슈를 비교하면서 맛볼 수 있다. 한국어 메뉴판에 술의 특징이 자세하게 적혀 있다.

福岡市中央区渡辺通1-9-15藤コーポ1F 지하철 와타나베도리역 2번 출구에서 도보 3분 17:30~23:00(주문 마감 22:00) 일요일 군만두 ¥480, 물만두 ¥540, 생맥주 ¥450~, 니혼슈 노미구라베 ¥990, 자릿세 ¥300. 현금 결제만 가능 p.95-D4 구글 지도에서 예약 가능 (예약 권장)

쿠시카츠 센스 串かつ 千寿

현지인 픽! 꼬치구이·튀김 맛집

추천 메뉴 5종, 8종 코스가 있어 선택이 쉽다. 쿠시카츠는 튀기면 바로 내어주며 간장, 소금, 소스 등을 찍어 먹으라고 알려준다. 자리에 앉으면 내어주는 양배추와 타르타르소스는 리필 가능. 첫 주문은 직원에게, 추가 주문은 사진이 있는 QR 코드로 한다. 구글 지도에선 '센쥬'로 검색된다.

福岡市中央区渡辺通 -9-11ONOHARAビル1F 지하철 와타나베도리역 1번 출구에서 도보 5분 18:00(주말·공휴일 17:00)~23:00(주문 마감 22:00) 화요일 5종 코스 ¥1,250, 8종 코스 ¥1,990, 자릿세 ¥440 kushikatsusensu.owst.jp p.95-D4 구글 지도 예약 가능(예약 권장)

Pick 팽스톡 パンストック

지금 후쿠오카에서 가장 핫한 빵집

카페와 한 공간을 이용하며 입구가 다르다. 빵은 포장이 기본이고, 카페 테이블은 커피를 주문해야 이용할 수 있다. 한가한 시간대가 아니면 빵을 고를 때도 줄을 서야 할 만큼 인기가 높다. 빵의 크기가 작은 편이고 반으로 잘라 판매하는 빵도 많아 이것저것 고르는 재미가 있다. 명란 바게트는 진열되어 있지 않아도 계산할 때 말하면 내어준다.

텐진점 天神店 福岡市中央区西中洲6-17 지하철 텐진역 16번 출구에서 도보 5분 08:00~19:00 월요일, 매월 첫 번째·세 번째 화요일 명란 바게트 ¥507 stockonlineshop.com pain_stock_tenjin p.95-D2

봄바키친 ボンバーキッチン

거를 타선이 없는 일본 가정식의 진수

카레, 햄버그스테이크 등 다양한 일본의 가정식을 만날 수 있다. 모든 메뉴가 고르게 맛이 좋다. 인기 메뉴는 닭튀김에 타르타르소스를 올린 치킨난반.

야쿠인 본점 薬院本店 福岡市中央区薬院2-2-18 지하철 야쿠인오도리역 1번 출구에서 도보 5분 11:30~16:00, 17:30~21:30, 30분 전 주문 마감 부정기 치킨난반(チキン南蛮) 정식 ¥920~. 현금 결제만 가능 bomberkitchen.org p.94-B4

토피 파크 TOFFEE park

진짜 락토프리, 비건 커피

우유 대신 두유를 넣는 두유 라테 전문점. 일반 라테보다 진득한 질감에 커피는 연한 편이다. 두유 젤라토를 넣은 셰이크도 인기 메뉴. 나카강이 보이는 야외 테이블이 있다.

福岡市中央区中洲6-36 지하철 나카스카와바타역 1번 출구에서 도보 5분 10:00~22:00(일 18:00, 공휴일 20:00), 30분 전 주문 마감 월요일 두유 라테 ¥580~, 셰이크 ¥650~. 현금 결제만 가능 co193toffee.com/pages/toffee-park toffeepark_fukuoka p.95-D2

커넥트 커피 Connect Coffee

후쿠오카 최고의 라테

라테 아트 챔피언이 눈앞에서 커피를 내려주며, 원두도 매장에서 직접 볶는다. 카페라테는 우유 양이 많은 편이라 연하지만 고소하다. 여러 잔을 시키면 각기 다른 라테 아트를 볼 수 있다.

福岡市中央区天神5-6-13 미나 텐진에서 도보 5분 12:00~20:00, 일·공휴일 11:00~18:00 화요일 카페라테 ¥580, 말차 테린느 ¥560 connectcoffee.co p.94-C1

코히샤 노다 珈琲舎のだ

'클래식'이란 이런 것!

1966년에 문을 연 중후하고 차분한 분위기의 카페. 다양한 원두를 사이폰으로 추출한다. 인기 메뉴인 노다 푸딩은 네모 모양의 단단한 질감으로 다이묘 본점에서만 판매한다.

다이묘 본점 大名本店 福岡市中央区大名2丁目10-1シャンボール大名1F 지하철 아카사카역 5번 출구에서 도보 2분 09:00(일·공휴일 10:00)~19:00(주문 마감 18:30) 수요일, 연말연시 노다 블렌드 ¥750, 노다 푸딩 세트 ¥1,450~ coffee-sya-noda.com p.94-A2

코히 하나사카 珈琲 花坂

비밀 아지트 같은 카페

건물 5층에 자리한 조용한 카페. 핸드드립 커피 원두는 2가지 중 선택 가능하고 융 드립으로 내린다. 직원 혼자 응대하기 때문에 시간이 걸리고 현금 결제만 가능하다.

福岡市中央区大名1-10-21大名エイトビル II 5F 지하철 아카사카역 5번 출구에서 도보 6분 10:00~17:30(주문 마감 평일 16:30, 주말·공휴일 16:00) 수·목요일 커피 ¥600, 치즈 케이크 ¥450. 현금 결제만 가능 coffeehanasaka.wixsite.com/coffeehanasaka coffeehanasaka p94-B3

렉 커피 REC COFFEE

커피와 찰떡인 클래식 푸딩

후쿠오카에 6개의 지점을 운영하는 로스터리 카페. 우유 맛이 풍부한 렉 커피 라테가 대표 메뉴. 타르트, 푸딩 등 디저트가 많고, 드립백 커피는 선물로도 좋다.

텐진미나미점 天神南店 福岡市渡辺通5-1-19HotelthePark1F 지하철 텐진미나미역 6번 출구에서 도보 2분 11:00~22:00(금 24:00), 토 10:00~24:00, 일·공휴일 10:00~22:00 부정기 렉 커피 라테 ¥540~ rec-coffee.com rec_coffee p.95-D3

커피 카운티 COFFEE COUNTY

약배전 핸드드립의 섬세한 맛

시향 후 고른 원두를 핸드드립으로 내려준다. 일반 푸딩보다 단단한 질감의 브라질리언 푸딩도 추천. 다른 지점인 스톡점은 팽스톡 텐진점과 같은 공간을 쓴다.

후쿠오카점 Fukuoka 福岡市中央区高砂1丁目21-21
지하철 야쿠인역 2번 출구에서 도보 6분 11:00~19:30
수요일 핸드드립 커피 ¥500~, 푸딩 ¥450
coffeecounty.cc coffeecounty p.95-D4

더 루츠 네이버후드 베이커리

THE ROOTS neighborhood bakery

현지인도 줄 서서 먹는 쫄깃한 베이글

평소엔 캄파뉴, 바게트 같은 담백한 빵이 많고 매주 화요일은 '베이글과 식빵의 날'로 베이글과 식빵만 판매한다. 속 재료가 다른 30종이 넘는 베이글이 있다.

福岡市中央区薬院4-18-7 1F 지하철 야쿠인오도리역 2번 출구에서 도보 4분
09:00~19:00 월요일 베이글 ¥240~
theroots.jp therootsbakery p.94-B5

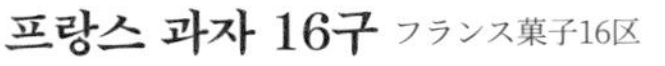

프랑스 과자 16구 フランス菓子16区

타베로그 디저트 최강자!

포장이 예뻐 선물로도 인기 있는 다쿠아즈가 유명하다. 1층에서 디저트를 고르고, 2층 카페에서 음료를 주문해 먹고 갈 수 있다.

福岡県福岡市中央区薬院4丁目20-10
지하철 야쿠인오도리역 2번 출구에서 도보 6분
10:00~18:00(카페 17:00) 월요일(공휴일인 경우 다음 날 휴무) 다쿠아즈(2개 세트) ¥486, 음료 ¥440~ 16ku.jp 16ku_fukuoka.official p.94-B5

디그 인 DIG INN

이상적인 크림치즈 베이글 샌드위치

쫄깃한 베이글 사이에 크림치즈와 속 재료가 가득 들어 있다. 기간 한정 메뉴와 영업시간은 인스타그램에서 확인할 수 있다.

福岡市中央区白金1-7-10 지하철 야쿠인역 2번 출구에서 도보 10분. 주차장 옆 좁은 길 안쪽 끝 10:00~15:00 수·목요일 베이글 샌드위치 ¥450~. 현금 결제만 가능 diginn_sandwich p.95-D5

샌드위치 스탠드 ザ サンドイッチ スタンド

골라 먹는 재미가 있는 샌드위치 전문점

오픈부터 오전 11시까지 주문 가능한 모닝 세트가 인기가 많다. 모닝 세트의 샌드위치 종류는 매일 바뀌며 샐러드, 수프, 음료가 포함된다. 언제 방문해도 10종류 넘는 샌드위치를 맛볼 수 있다.

福岡県福岡市中央区薬院4-7-11 지하철 야쿠인오도리역 1번 출구에서 도보 2분 08:00~18:00(일 16:00) 월요일 모닝 세트 ¥1100 sandwich-stand.webnode.jp sandwich.stand p.94-B5

재즈 바 브라우니 ジャズバー ブラウニー

유쾌한 주인장과 편안한 재즈 음악

혼자서도 방문하기 좋은 재즈 바. 문을 연 지 40년이 넘었고 약 2000장의 레코드판을 소장하고 있다. 매월 세 번째 월요일에 라이브 공연도 열린다.

福岡県福岡市中央区天神3-14-2公建ビル2 6F 텐진 지하상가 서1 출구에서 도보 3분 18:00~01:00 일요일·공휴일 자릿세

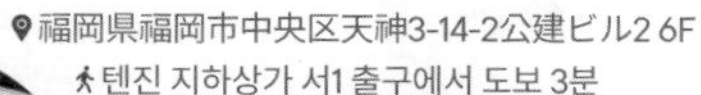

¥500, 칵테일 ¥800~, 맥주 ¥600~, 안주 ¥600~ jazzbrowny1983.jimdofree.com p.94-B2

이와타야 백화점 岩田屋

후쿠오카에서 가장 사랑받는 백화점

후쿠오카를 대표하는 백화점으로 본관과 신관으로 나뉜다. 셀린느, 꼼데가르송, 바오바오 이세이 미야케 등 우리나라 여행자가 많이 찾는 브랜드가 모두 모여 있고, 본관 지하에 있는 식품관의 규모도 크다. 면세 카운터는 신관 7층에 위치하며, 여권을 제시하면 이와타야 백화점뿐만 아니라 미츠코시 백화점에서도 5% 할인이 가능한 게스트 카드를 발급해준다. 다만 일부 브랜드는 할인 적용이 안 된다.

본점 本店 福岡市中央区天神2-5-35 니시테츠후쿠오카(텐진)역, 지하철 텐진역에서 도보 5분 10:00~20:00 부정기 iwataya-mitsukoshi.mistore.jp/iwataya.html p.94-B2

층별 주요 매장

	본관		신관
7	북카페 분키츠		면세 카운터
6		연결 통로	
3		연결 통로	꼼데가르송
2	손수건 등 잡화		셀린느
1	향수 전문점 시로		바오바오 이세이 미야케
B1	식품관		
B2	식품관, 닷사이 스토어	연결 통로	더 콘랍 숍, 라이카 스토어, 스타벅스

미츠코시 백화점 三越

텐진 쇼핑과 교통의 요지

2층은 니시테츠 전철의 후쿠오카(텐진)역이며, 3층은 니시테츠 텐진 고속버스 터미널로 연결된다. 1층 입구 라이온 광장에 후쿠오카시 관광 안내소가 있다. 9층에 다이소, 스탠더드 프로덕츠, 스리피 매장이 있다. 지하 2층 면세 카운터에서 5% 할인을 받을 수 있는 게스트 카드(이와타야 공통)를 발급해준다.

후쿠오카점 福岡店 福岡市中央区天神2-1-1 니시테츠후쿠오카(텐진)역, 지하철 텐진역에서 연결 10:00~20:00 부정기 www.iwataya-mitsukoshi.mistore.jp/mitsukoshi.html
f_mitsukoshi p.94-C3

다이마루 백화점 大丸

선물하기 좋은 패션 잡화의 메카

본관과 동관이 지하 2층과 지상 3층에서 연결된다. 지하 2층에 식품관, 지하 1층에는 면세 카운터(본관)와 무인양품(동관)이 있다. 여행자를 위한 할인은 따로 없지만 화장품에 한해 외국인(여권 필수)은 추가로 5% 할인을 받을 수 있다. 다른 백화점에 비해 패션 잡화 매장이 넓고 손수건, 스카프, 양말, 우산 등의 종류가 많다.

후쿠오카 텐진점 福岡天神店 福岡市中央区天神1-4-1 지하철 텐진미나미역에서 바로 연결 본관 2~8F·동관 3~4F 10:00~19:00, 본관 B2~1F·동관 B2~2F 10:00~20:00, 동관 5~6F·식당가 11:00~22:00 부정기 daimaru-fukuoka.jp daimaru_fukuoka p.94-C3

후쿠오카 파르코 福岡 PARCO

애니 덕후들 지갑 지켜!

패션 잡화 매장과 애니메이션, 캐릭터 매장이 다양하게 모인 쇼핑몰이다. 본관과 신관이 있으며 건물의 높이가 달라 본관 5층, 7층의 연결 통로는 각각 신관 4층, 6층으로 이어진다. 지하에는 음식점이 모여 있다. 면세 카운터는 따로 없고 매장에서 면세 계산대를 개별 운영한다. 면세 혜택이 없는 매장도 있으니 미리 확인하자.

📍福岡市中央区天神2-11-1 🚶니시테츠후쿠오카(텐진)역에서 도보 5분 🕒10:00~20:30
⊗ 부정기 🚀 fukuoka.parco.jp 📷 parco_fukuoka_official 🗺p.94-C2

층별 주요 매장

	본관		신관	
8	애니메이트, 텐진 캐릭터 파크(키디랜드, 스누피, 리락쿠마)			
7	ABC 마트, 원피스 무기와라 스토어, 반다이 가샤폰, 짱구 스토어	연결 통로		6
6	타워 레코드, 빌리지 뱅가드			5
5	프랑프랑, 러쉬	연결 통로	스타벅스	4
4				3
3	오니츠카 타이거, ABC 마트 그랜드 스테이지, 마블 스토어			
2			빔즈	2
1	저널스탠다드		빔즈	1
B1	디즈니 스토어, 하카타 라멘 신신, 하카타 모츠나베 야마야	연결 통로	드러그스토어	B1
			패밀리마트	B2

미나 텐진 ミーナ天神

이온 쇼퍼즈까지 원스톱 쇼핑몰

지하 1층에는 스타벅스, 맥도날드, 드러그스토어, 스리코인스 플러스(3COINS+plus)가 있고, 1~2층에 유니클로, 3층에 지유(GU), 4층에 로프트(Loft), 5층에 ABC 마트, 6층에 100엔 숍 세리아(면세 불가)가 있다. 각 매장에서 면세 계산대를 운영한다. 3층에서 이온 쇼퍼즈로 연결된다.

福岡市中央区天神4-3-8 니시테츠후쿠오카(텐진)역에서 도보 5분. 지하철 텐진역에서 연결
지하 1층 07:00~22:00, 1~6층 10:00~20:00, 7층 10:00~21:00, 8층~루프톱 10:00~22:00
임시 휴무일 있음 mina-tenjin.com p94-C2

이온 쇼퍼즈 イオンショッパーズ

먹어보고 싶었던 조리 식품이 가득!

지하 1층 슈퍼마켓, 지상 1층 화장품과 의약품 매장의 구매 금액을 지상 1층 면세 카운터에서 합산(과일, 도시락, 유제품 등은 면세 불가)해 면세를 받을 수 있다. 각 층의 계산대에 붙어 있는 QR코드를 스캔해 외국인 전용 쿠폰을 받아 제시하면 5% 할인 가능. 2층에 무인양품, 4층에 다이소가 있다.

후쿠오카점 福岡店 福岡市中央区天神4-4-11 지하철 텐진역에서 도보 5분, 미나 텐진 3층에서 연결 지하 1층~지상 1층 09:00~22:00 무인양품·다이소 09:00~21:00 무휴
shoppers-fukuoka.aeonkyushu.com p.94-C1

텐진 지하상가 天神地下街

이동과 쇼핑을 동시에

지하철 텐진역에서 텐진미나미역까지 590m 길이 지하도에 150여 개의 점포가 늘어서 있다. 다이마루 백화점, 미츠코시 백화점, 파르코, 미나 텐진 등 대형 쇼핑 시설과 이어지고 근처에 호텔도 많아 쇼핑 목적이 아니더라도 오며 가며 자주 들르게 된다. 특히 날이 궂을 때 시간을 보내기 좋다. 홈페이지에서 한국어로 된 지도를 제공한다. 'Japan Tax-free Shop' 안내가 붙어 있으면 면세 가능.

지하철 텐진역, 텐진미나미역과 연결. 니시테츠후쿠오카(텐진)역에서 도보 1분 쇼핑 10:00~20:00, 음식점 10:00~21:00 부정기 tenchika.com tenjinchikagai p.94-C2&C3

Tips. 텐진 지하상가 추천 숍

· **러쉬(LUSH)** - 코즈메틱, 면세 가능 [동4번가]
· **베이크(BAKE CHEESE TART)** – 치즈 타르트 [동4번가]
· **칼디 커피 팜(KALDI COFFEE FARM)** – 식료품 [동11번가]
· **쿠라치카 바이 포터(KURA CHIKA by PORTER)** – 가방, 면세 가능 [동8번가]
· **내추럴 키친 앤드(NATURAL KITCHEN &)** – 생활 잡화 [서1번가]
· **링고(RINGO)** – 애플파이 [서4번가]

돈키호테 ドン·キホーテ

층마다 다른 매력, 좁지만 알찬 쇼핑

한 층의 면적은 나카스점보다 좁지만, 지하 1층부터 지상 5층까지 종류별로 물건이 빽빽하다. 면세 계산대가 꼭대기 층에 있으므로 올라가며 둘러보길 권한다. 저녁 시간에는 면세 계산대 줄이 길다. 화장실은 지하 1층에 있다.

후쿠오카 텐진 본점 福岡天神本店 福岡県福岡市中央区今泉1-20-17 지하철 텐진미나미역에서 도보 5분 24시간 무휴 p.94-C3

빅카메라 ビックカメラ

전자제품만 팔지는 않습니다

도보 5분 거리에 두 곳의 지점이 있다. 전자제품 양판점이지만 식료품, 의약품, 생활용품, 기념품 등도 판매한다. 특히 주류의 종류가 많고 가격도 저렴한 편. 매장 내 배너 또는 온라인(포털 사이트에서 빅카메라 할인쿠폰 검색)에서 할인쿠폰을 제공하니 계산 전에 미리 사진을 찍거나 다운을 받아두면 편하다. 구매 합산해 면세 가능.

텐진1·2호점 天神1·2号館 1호점 福岡市中央区今泉1-25-1, 2호점 福岡県福岡市中央区天神2-4-5 (1·2호점 모두) 니시테츠후쿠오카(텐진)역, 지하철 텐진역·텐진미나미역에서 도보 5분 10:00~21:00 무휴 www.biccamera.com p.94-C3

준쿠도 서점 ジュンク堂書店

텐진 한복판에 이렇게 큰 서점이!

3층 규모의 체인 서점. 외국인도 책을 찾기 어렵지 않고 면세도 가능하다. 서적에 뒤지지 않을 만큼 문구류도 많아 볼거리가 풍성하다.

후쿠오카점 福岡店 福岡県福岡市中央区大名1-15-1 天神西通りスクエア1~3F 니시테츠후쿠오카(텐진)역에서 도보 5분 10:00~20:00 부정기 p.94-B3

야마야 やまや

술 쇼핑은 여기서

다종다양한 주류를 취급하는 판매점. 우리나라에 수입되지 않는 일본산 술이 많다. 세금 환급이 가능하다.

다이묘점 大名店 福岡市中央区大名1-2-16セシオパーク大名1F 지하철 아카사카역 4번 출구에서 도보 10분 10:00~22:00 연중무휴 www.yamaya.jp p.94-B3

토지 とうじ(Tohji)

현지 감성 충만한 문구용품점

1918년에 일본화 용품을 파는 화방으로 시작했다. 계절감이 드러나는 지류, 우키요에를 활용한 책갈피 등 일본의 색이 살아 있는 문구류 일체를 판매한다. 토지에서 운영하는 문구점 '줄리엣스 레터스(Juliet's Letters)'에는 편지 관련 용품이 가득하다. 토지는 텐진 지하상가, 줄리엣스 레터스는 아크로스 후쿠오카 1층에 있다.

福岡市中央区天神2-1-1 きらめき通り地下B2 텐진 지하상가에서 이와타야 백화점 방향 왼쪽 10:30~19:00 부정기 tohji.co.jp p.94-C2

다이묘 거리의 의류 브랜드 매장

텐진 서쪽, 색깔 있는 패션의 거리

다이묘는 텐진과 오호리 공원 중간에 위치한 지역이다. 지하철로는 텐진역과 아카사카역에 걸쳐 있다. 텐진이 백화점과 쇼핑몰 등 대형 매장 중심이라면, 한 걸음 들어간 다이묘 거리엔 단독 브랜드 매장, 편집 숍 등 개성 넘치는 공간이 많다. 우리나라 여행자가 많이 찾는 브랜드인 슈프림(면세 불가), 스투시(면세 가능) 매장은 현지인도 많이 방문하기 때문에 줄을 서야 하는 경우도 있다. 빈티지 의류 전문점과 나이키, 뉴발란스 등의 플래그십 스토어 등이 다이묘 거리에 자리한다. 아기자기하게 꾸며놓은 공간이 많아 윈도쇼핑만 하며 사진을 찍기에도 좋다.

🚶 구글 지도에서 '후쿠오카 다이묘'로 검색

스리 비 포터스 B·B·B POTTERS

Brew · Bake · Boil

1991년에 개업한 잡화점으로 그릇, 냄비, 행주 등 주방용품과 청소용품, 문구, 욕실용품 등 일상을 윤택하게 만들어줄 물건을 세심하게 골라 판매한다. 2층 일부는 카페로 운영한다. 스리 비 포터스 매장 옆에는 전 세계의 주방용품을 모아 놓은 '스리 비 앤드(BBB &)' 매장이 있다.

福岡市中央区薬院1-8-8 1~2F 지하철 니시테츠 야쿠인역에서 도보 6분 11:00~19:00
부정기 bbbpotters.com bbbpotters p.94-C4

하이타이드 스토어 후쿠오카 HIGHTIDE STORE FUKUOKA

후쿠오카 문구의 최전선

후쿠오카에서 탄생해 세계에서 사랑받는 하이타이드 본사 1층의 직영점. 불렛 볼펜, 플라스틱 클립으로 잘 알려진 브랜드 펜코(penco), 가방 브랜드 네(nähe) 등 자체 브랜드 상품이 다양하고 가격도 국내보다 저렴하다. 매장 한쪽은 갤러리로 쓰이며 카페도 운영한다.

福岡市中央区白金1-8-28 지하철 야쿠인역 2번 출구에서 도보 9분 11:00~19:00
수요일 hightide.co.jp hightide_japan p.95-D5

Area 03

우리들의 세 번째 여행지
오호리 공원·롯폰마츠

大濠公園
六本松

Intro & Access

오호리 공원·롯폰마츠로의 여행

윤슬이 빛나는 호수를 둘러싼 너른 산책로, 눈과 마음이 모두 시원해지는 오호리 공원은 후쿠오카 사람들의 오랜 휴식처다. 벚꽃 축제가 열리는 봄이면 공원 바로 옆 후쿠오카 성터와 마이즈루 공원에 벚꽃이 흐드러진다. 공원 남쪽 출구로 나와 아기자기한 주택가를 통과하면 최근 재미있는 공간이 속속 들어서고 있는 롯폰마츠에 다다른다. 하루 정도는 편한 신발을 신고 자신만의 속도로 후쿠오카의 여유를 만끽하는 것도 좋겠다.

Access

출발	교통	도착
후쿠오카쿠코역	지하철 쿠코선 15분, ¥300	오호리코엔역
하카타역	지하철 쿠코선 9분, ¥260	오호리코엔역
나카스카와바타역	지하철 쿠코선 5분, ¥210	오호리코엔역
하카타역	지하철 나나쿠마선 12분, ¥260	롯폰마츠역

A
B
C
Map
오호리 공원·롯폰마츠 지도
1
니시 공원
자크
후쿠 커피
코히 훗코
시나리
토진마치역
오호리코엔역
린데 까또나주
보트 하우스
2
오호리 공원
마이즈루 공원
후쿠오카 성터
후쿠오카시 미술관
돈카츠 요시다
후쿠오카 공항
앤드 로컬스
일본 정원
코히 비미
3
오호리 브루어리
라 스피가
민예점 스에나가
아무히비 니트
만푸쿠
아맘다코단
롯폰마츠역
롯폰마츠 421
4
롯폰폰
커피맨
마츠빵
Sightseeing
Food&Drink
Shopping
0
150m
N
5
A
B
C

오호리 공원 大濠公園

후쿠오카 사람들이 사랑하는 호수 공원

둘레가 약 2㎞에 달하는 커다란 호수를 중심으로 조성한 공원이다. 호수에 떠 있는 섬은 4개의 다리로 이어지며, 화사한 주황색의 우키미도(浮見堂)는 오호리 공원을 대표하는 포토 스폿이다. 호수를 따라 산책로와 트랙이 잘 조성되어 있고 사계절 다양한 동식물을 만날 수 있다. 특히 11월부터 3월에 걸쳐 시베리아 지방에서 수백 마리의 겨울 철새가 날아와 쉬었다 간다. 공원 내에 보트 하우스, 일본 정원, 후쿠오카시 미술관, 놀이터, 카페 등이 있고 마이즈루 공원, 후쿠오카 성터, 롯폰마츠 421 등의 명소와도 가깝다.

福岡市中央区大濠公園 지하철 오호리코엔역 3번 출구에서 도보 7분 24시간. 일부 시설 운영시간 다름 ohorikouen.jp p.121-B2&B3

오호리 공원의 스폿

일본 정원 日本庭園

전통이 담긴 고즈넉한 공간

오호리 공원 개원 50주년을 기념해 조성했다. 원내엔 연못을 중심으로 둘러볼 수 있게 조성한 지천회유식 정원, 물 없이 돌과 모래만으로 산수를 표현한 가레산스이 정원 등이 있다.

09:00~18:00(10~4월 17:00). 15분 전 입장 마감 월요일 일반 ¥250. 15세 미만 ¥120

보트 하우스 ボートハウス大濠パーク

오리배 타실래요?

북쪽 출입구 부근의 보트 대여소. 익숙한 형태의 백조 보트와 노를 저어 움직이는 로 보트(row boat) 중 선택 가능하고 악천후에는 운영하지 않는다.

4~8월 11:00(주말·공휴일 10:00)~18:00(9~3월 마감시간 유동적) 성인 2명+초등학생 1명. 30분 백조 보트 ¥1,200. 로 보트 ¥800 oohoriboathouse.jp

후쿠오카시 미술관 福岡市美術館

공원에서 만난 어떤 아름다움

일본 고미술부터 호안 미로, 살바도르 달리 등 세계적 거장들의 작품을 만날 수 있다. 외부에는 이우환, 쿠사마 야요이 등의 작품이 있다.

福岡市中央区大濠公園1-6 09:30~17:30(7~10월 금~토 20:00). 30분 전 입장 마감 월요일(공휴일인 경우 다음 날 휴관). 12/28~1/4 일반 ¥200. 고등·대학생 ¥150 fukuoka-art-museum.jp fukuokaartmuseum

마이즈루 공원 舞鶴公園

멋진 자연 속 호사로운 꽃구경

옛 후쿠오카 성터 자리에 조성한 공원. 2월 매화, 3월 벚꽃, 4월 철쭉과 모란, 5월 작약과 꽃창포, 한여름 연꽃 등 계절마다 다양한 꽃이 피는 걸로 유명하다. 1000그루가 넘는 벚나무가 활짝 피는 3월 말에서 4월 초에는 벚꽃 축제로 붐빈다. 축제 기간에는 일부 구역을 유료로 운영한다.

福岡市中央区城内1-4 지하철 오호리코엔역 5번 출구에서 도보 3분 24시간
midorimachi.jp/maiduru p.121-C2

후쿠오카 성터 福岡城跡

마이즈루 공원과 후쿠오카를 한눈에

후쿠오카 초대 영주가 1601년부터 7년 동안 축성했다. 크고 작은 천수대와 50곳의 망루 중 지금은 일부만 남았다. 언덕 위 '대천수대(大天守台)'에서 내려다보는 풍광이 일품. 마이즈루 공원과 경계 없이 둘러볼 수 있고, 벚꽃 축제 기간에는 라이트 업 행사가 열린다.

福岡市中央区城内1 마이즈루 공원 내부 24시간 무료, 행사가 있을 땐 일부 유료
fukuokajyo.com p.121-C3

니시 공원 西公園

1300그루의 벚나무가 봄을 기다려

후쿠오카에서 유일하게 '일본 벚꽃 명소 100선'에 꼽히는 만큼 벚꽃 시즌이면 발 디딜 틈이 없다. 평소에는 한적한 동네 공원이다. 중앙 전망광장에서 하카타만을 내려다볼 수 있는데 수풀이 울창해 시야가 그다지 좋지는 않다.

福岡市中央区大濠公園1-2 지하철 오호리코엔역 1·2번 출구에서 도보 15분 24시간
nishikouen.jp p.121-B1

롯폰마츠 421 六本松421

서점과 슈퍼, 과학관이 한 건물에

1층에 슈퍼마켓과 드러그스토어, 음식점이 있고, 2층에는 츠타야 서점과 스타벅스가 있다. 3층부터 6층까지는 후쿠오카에서 최대 규모의 돔 시어터를 갖춘 후쿠오카시 과학관이다.

福岡市中央区六本松4-2-1 지하철 롯폰마츠역 3번 출구에서 도보 1분 슈퍼마켓, 츠타야 서점 09:00~22:00, 후쿠오카시 과학관 09:30~21:30 부정기 jrkbm.co.jp/ropponmatsu421
p.121-B4

시나리 志成

기다림을 감수하게 만드는 쫄깃함 ⧗⧗⧗

예약이 불가하고 대기 명단이 없다. 오픈 1시간 전부터 줄이 늘어서는데 착석 후에도 음식이 나오기까지 20분 이상 걸린다. 따듯한 시나리 카케 우동도 좋지만 탱탱한 면의 식감을 온전히 즐기고 싶다면 차가운 붓카케 우동을 추천한다. 곁들이는 튀김에 따라 가격이 다르다.

福岡市中央区大手門3-3-24小金丸ビル1F 지하철 오호리코엔역 4번 출구에서 도보 3분
11:00~15:00(주말 16:00) 월요일 시나리 카케 우동(志成かけうどん) ¥930, 붓카케 우동(ぶっかけうどん) ¥620~. 현금 결제만 가능 shinariudon_ p.121-B2

앤드 로컬스 & LOCALS

커피는 없지만 오히려 좋아! ⧗⧗⧖

큐슈 각지에서 엄선한 식재료를 소비자에게 전달하는 공간. 후쿠오카의 3개 지점 중에서도 오호리 공원점은 전망이 좋아 찾는 이가 많다. 대표 메뉴는 제철 식재료를 넣은 유부초밥. 음료가 함께 나오는 세트도 있다. 디저트는 모나카나 달걀 샌드위치가 인기 있고, 음료는 차 종류만 있다.

오호리 공원점 大濠公園 福岡市中央区大濠公園1-9 오호리 공원 내부 09:00~18:30(주문 마감 18:00) 월요일(공휴일인 경우 다음 날 휴무) 유부초밥(旅するおいなり) 단품 ¥190, 세트 ¥830 andlocals.jp andlocals p.121-B3

라 스피가 LA SPIGA

맛있는 기본 빵과 샌드위치

오호리 공원 남쪽에 있는 베이커리 카페. 샌드위치 종류가 무척 다양하다. 평일 오전에는 빵 3~4종과 수프, 음료 구성의 모닝 세트를 판다.

福岡市中央区大濠1-3-5サンリッチ大濠1F 오호리 공원 남쪽 출입구에서 도보 5분 월 09:00~16:00, 08:30~19:00(주말·공휴일 18:00) 화요일 모닝 세트 ¥495. 현금 결제만 가능 laspiga_ohori p.121-B3

오호리 브루어리 大濠ブルワリー

감성 넘치는 크래프트 브루어리

양조장과 매장이 바로 붙어 있어 갓 나온 신선한 맥주를 마실 수 있다. 오호리 사워, 오호리 IPA가 대표 메뉴이며 3종 세트와 캔 맥주도 판매한다.

福岡市中央区大濠1-3-7 1F 오호리 공원 남쪽 출입구에서 도보 5분 16:00(주말·공휴일 13:00)~22:00(주문 마감 21:30) 월요일 맥주 330ml ¥800~900 ohori_brewery p.121-B3

자크 Jacques

40년 경력 파티시에의 무스케이크

대표 메뉴인 캐러멜 무스케이크는 물론 꿀에 조린 서양배로 만든 '자크'와 피스타치오가 들어간 케이크도 인기가 많다. 포장만 가능.

오호리점 大濠店 福岡市中央区荒戸3-2-1 지하철 오호리코엔역 1번 출구에서 도보 6분 10:00~12:20, 13:40~17:00 월·화요일 자크(Jacques) ¥580, 피스타 인텐스(Pista Intense) ¥680 jacques-fukuoka.jp jacques.fukuoka p.121-B2

코히 훗코 珈琲フッコ

커피와 술, 디저트의 삼박자

재즈가 흐르는 차분한 공간. 핸드드립 커피는 원두 종류와 양에 따라 가격이 다르다. 아이리시 커피 등 술이 들어간 커피 종류가 많고 프렌치토스트 같은 디저트도 다양하다.

福岡市中央区大手門3-5-20花田荘101 지하철 오호리코엔역 2·4번 출구에서 도보 3분 13:00~23:00(일 21:00), 주문 마감 22:00(일 20:00) 월요일 핸드드립 커피 ¥600~, 아이리시 커피 ¥950. 현금 결제만 가능 coffeefucco.wixsite.com/home p.121-B2

후쿠 커피 FUK COFFEE

기다림이 아깝지 않은 푸딩

후쿠오카를 대표하는 로스터리 카페 중 하나로 공항을 콘셉트로 한다. 파크스점은 하카타역 근처 본점보다 덜 붐빈다. 인기 메뉴는 푸딩과 라테 아트로 비행기를 그려주는 카페라테.

파크스점 Parks 福岡市中央区荒戸1-4-20 지하철 오호리코엔역 2번 출구에서 도보 3분 08:00~20:00 연중무휴 카페라테 ¥630, 오호리 푸딩 ¥550, 토핑 바닐라아이스크림 ¥120 fuk-coffee.com fuk.coffee.parks p.121-B2

만푸쿠 みんち焼きの萬福

타코야키는 포장해서 공원으로!

오호리 공원에서 롯폰마츠로 넘어가는 길목에 있다. 메뉴는 문어가 들어간 타코야키, 다진 돼지고기를 넣은 민치야키 2가지.

福岡市中央区六本松1-4-36 지하철 롯폰마츠역 2번 출구에서 도보 7분 11:00~19:00 화요일 타코야키 10개 ¥500, 민치야키 8개 ¥500. 현금 결제만 가능 p.121-B3

(Pick) 코히 비미 珈琲美美

부드럽고 진한 융 드립 커피

1977년 문을 연 곳으로 1층에서는 원두를 판매하고, 2층에서는 강하게 볶은 원두를 융 드립으로 내린다. 술에 절인 과일이 들어간 프루츠 케이크가 진한 커피와 잘 어울린다. 공간이 좁고 조용해 대화를 나누기보다 묵묵히 커피를 즐기는 손님이 많다.

福岡市中央区赤坂2-6-27 오호리 공원 남쪽 출입구에서 텐진 방향으로 도보 10분
12:00~18:00(주문 마감 17:00) 월·화요일 커피 ¥600~1,100, 프루츠 케이크 ¥400. 현금 결제만 가능 cafebimi.com p.121-C3

돈카츠 요시다 とんかつ よしだ

기다릴 가치가 있는 돈카츠

'도쿄 X' 등 브랜드 돼지고기를 사용하는 돈카츠는 한정 수량. 테이블에 놓인 빨간 양념은 돈카츠 소스에 살짝 넣으면 느끼함을 잡아준다. 저온에서 천천히 튀겨 내는 방식이라 주문 후에도 시간이 걸리는 편. 덜 붐비는 저녁 방문을 추천한다. 2024년 8월, 오호리 공원에서 텐진으로 가는 길목으로 이전했다.

福岡市中央区警固2-18-13オークビル2F 지하철 아카사카역 2번 출구에서 도보 9분
11:30~14:30, 18:00~20:00 화·수요일 저녁 등심·안심 정식 ¥2,000 tonkatsuyoshida
p.94-A4&p.121-C3

롯폰폰 ろっぽんぽん

작고 귀여운 일본식 먹거리들

떡 안에 팥소를 넣어 도미 모양으로 구워낸 '타이모치'를 맛볼 수 있다. 플레인, 녹차, 호지차, 계피 등 다양한 맛이 있고 팥죽, 콩고물과 함께 주문할 수도 있다. 포장만 가능.

福岡市中央区六本松4-7-4 지하철 롯폰마츠역 1번 출구에서 도보 7분 10:00(주말 09:30)~19:00 목요일 타이모치(たいもち) 플레인 ¥210 64st.ropponpon p.121-B4

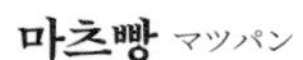

마츠빵 マツパン

하나만 고르는 건 불가능!

매일 굽는 빵이 60여 종에 이르고 크기가 작아 여러 가지를 맛보기 좋다. 포장만 되며, 마츠빵을 바라보고 오른쪽으로 난 골목으로 들어가면 왼편에 위치한 카페 커피맨에서 커피와 함께 먹을 수 있다.

福岡市中央区六本松4-5-23 지하철 롯폰마츠역 1번 출구에서 도보 7분 08:00~18:00 월요일, 매월 두 번째·네 번째 화요일 식빵 ¥640, 야키소바빵 ¥380. 현금 결제만 가능 matsu-pan.com matsupan64 p.121-B4

커피맨 COFFEEMAN

느긋하게 즐기는 핸드드립

2014년 일본 로스팅 챔피언십 우승자가 운영하는 카페. 핸드드립 커피 메뉴에 번호가 붙어 있으며 높은 숫자일수록 커피 맛이 진하다. 마츠빵과 건물을 공유한다.

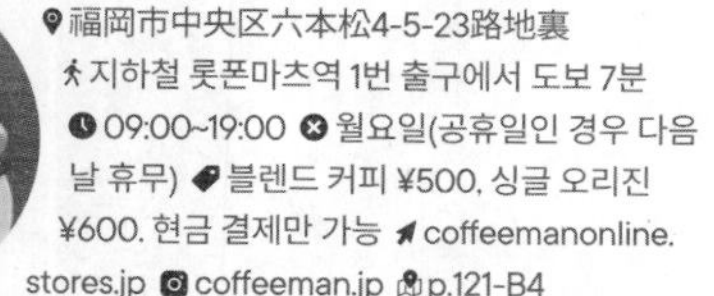

福岡市中央区六本松4-5-23路地裏 지하철 롯폰마츠역 1번 출구에서 도보 7분 09:00~19:00 월요일(공휴일인 경우 다음 날 휴무) 블렌드 커피 ¥500, 싱글 오리진 ¥600. 현금 결제만 가능 coffeemanonline.stores.jp coffeeman.jp p.121-B4

린데 까또나주 Linde CARTONNAGE

편지지, 펜과 잉크, 리소그래피 제품

인쇄 공방에서 운영하는 문구점이다. 다양한 필기구와 잉크를 사용해볼 수 있고 영어로 소통이 가능해 친절하게 설명해준다. 직접 인쇄한 오리지널 제품도 판매한다.

福岡市中央区大手門1-8-11 サンフルノビル2F 지하철 오호리코엔역 5번 출구에서 도보 3분 12:00~18:00 부정기
linde-cartonnage.stores.jp linde_cartonnage p.121-B2

아무히비 니트 Amuhibi Knit

유명 니트 작가의 공방이자 숍

작가의 저서가 한국에서도 출간되어 책을 보고 찾는 이가 많다. 1층은 실, 뜨개용품을 판매하는 공간이고 2층은 수업 공간으로 운영한다. 2층에 고양이가 살고 있다.

福岡市中央六本松1-4-22 지하철 롯폰마츠역 2번 출구에서 도보 7분 목~월 10:00~12:00, 13:00~17:00 화·수·공휴일
amuhibiknit.com amuhibiknit p.121-B3

민예점 스에나가 民芸の店すえなが

기념품으로 일본 작가들의 공예품을!

일본의 예술가들이 만든 공예품을 엄선해서 들여왔다. 매장은 좁지만 둘러보는 재미가 있다. 엽서 1장을 사도 정성껏 포장해주기 때문에 기념품을 사기에 제격이다.

福岡市中央区六本松1-4-30 지하철 롯폰마츠역 2번 출구에서 도보 8분 11:00~18:00 월요일 p.121-B3

Area 04

우리들의 네 번째 여행지
항만 지역

ベイエリア

Intro & Access

항만 지역으로의 여행

후쿠오카의 바다는 고운 모래사장이 펼쳐진 휴양지나 낭만적인 해변의 느낌은 아니다. 하지만 후쿠오카가 다른 나라와 교류하며 역사를 만들어갈 수 있었던 건 순전히 이 바다 덕분이다. 지금도 여전히 수많은 사람과 물자가 바닷길을 통해 후쿠오카로 들어온다. 하카타나 텐진과는 전혀 다른, '바다 마을' 후쿠오카의 매력을 느껴보자.

Access : 하카타에서 출발

하카타 ••• 88번 버스/BRT 버스 20분, ¥260 ••▶ **하카타항 국제 여객선 터미널**

*하카타에키 니시니혼시티긴코마에 F(博多駅西日本シティ銀行前F) 정류장에서 승차해 종점에서 하차

Access : 텐진에서 출발

텐진 •• 80번 버스/BRT 버스 15~20분, ¥150 ••▶ **하카타항 국제 여객선 터미널**

*텐진 소라리아 스테지마에 2A(天神ソラリアステージ前2A) 버스 정류장에서 승차해 종점에서 하차

Tips. 무료 셔틀버스 타고 시내로 이동!
주말에 베이사이드 플레이스 하카타에서 하카타역, 텐진으로 가는 무료 셔틀버스를 운행한다. 1시간에 1대꼴로 다니며, 베이사이드 플레이스 하카타에서 출발하는 첫차는 오전 9시, 막차는 오후 6시 40분이다.

하카타항 국제 여객선 터미널 博多港国際ターミナル

후쿠오카의 관문

부산과 후쿠오카를 오가는 선박인 뉴카멜리아호와 퀸비틀을 타고 내릴 수 있는 터미널이다. 건물 1층에는 체크인 카운터, 종합 안내소, 코인 로커, 환전소, 음식점이 있다. 2층에는 면세점이 있는데 공항 면세점에 비해 규모는 매우 작다. 3층에는 전망실이 있다. 하카타, 텐진으로 가는 시내버스, 택시를 타는 정류장은 건물 밖으로 나가면 바로 앞에 있다.

福岡県福岡市博多区沖浜町12-13 hakataport.com

Map
항만 지역 지도
A
B
C
1
2
3
4
5
우미노나카미치행 선착장
시사이드 모모치 해변공원
후쿠오카 타워
미즈호 페이페이돔
후쿠오카
보스
마크 이즈
후쿠오카모모치
후쿠오카시 박물관
아타고 신사
메이노하마역
무로미역
후지사키역

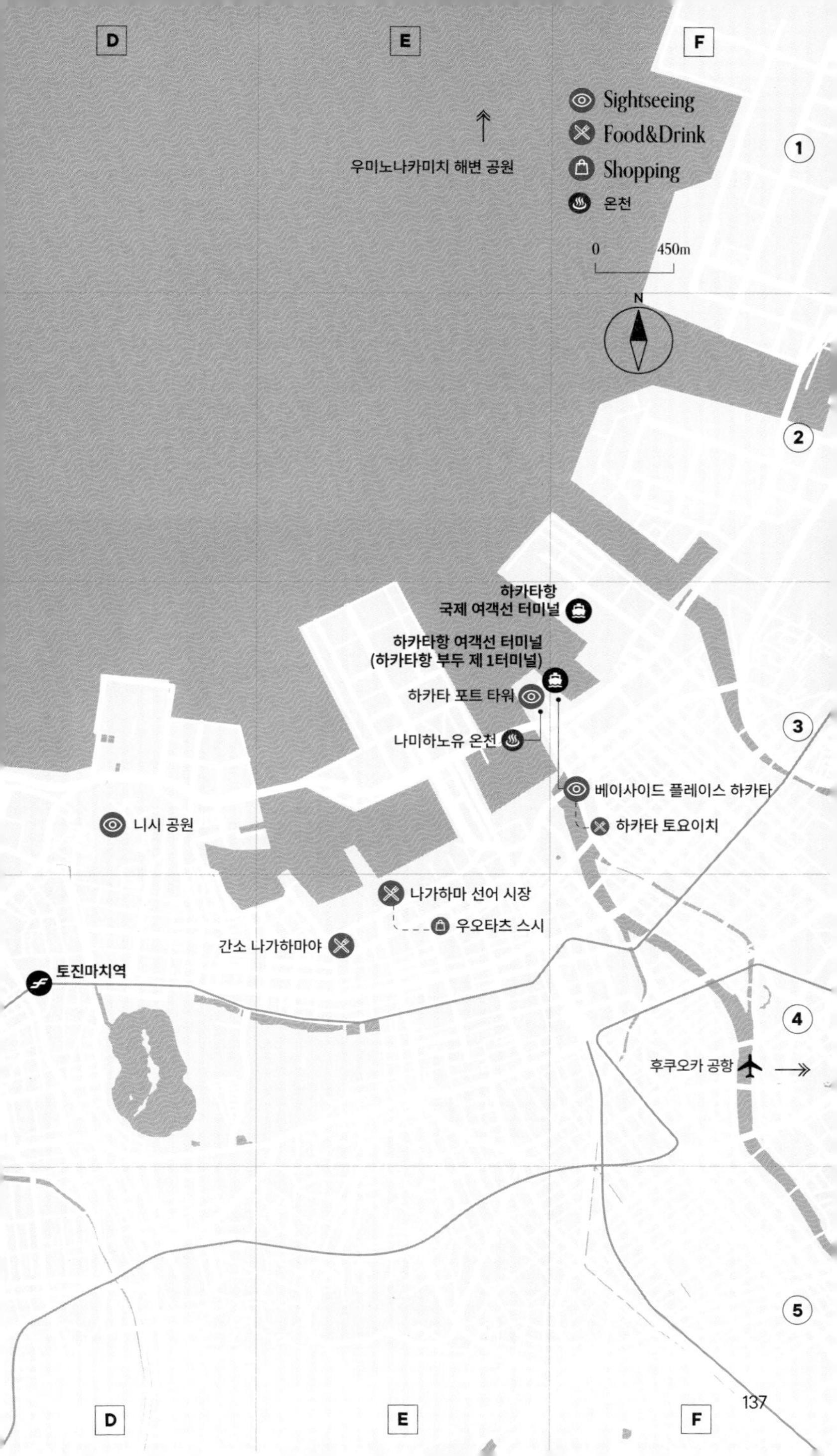

D
E
F
Sightseeing
Food&Drink
Shopping
온천
0
450m
N
우미노나카미치 해변 공원
1
2
3
4
5
하카타항
국제 여객선 터미널
하카타항 여객선 터미널
(하카타항 부두 제 1터미널)
하카타 포트 타워
나미하노유 온천
베이사이드 플레이스 하카타
하카타 토요이치
니시 공원
나가하마 선어 시장
우오타츠 스시
간소 나가하마야
토진마치역
후쿠오카 공항
D
E
F

후쿠오카 타워 福岡タワー

8000장의 반투명 거울로 뒤덮인 랜드마크

높이가 234m로 일본에서 세 번째로 높은 타워이자 후쿠오카에서 가장 높은 건물이다. 1층에 매표소, 편의점, 기념품점이 있고, 높이 123m 지점에 전망실이 있다. 1층에서 전용 엘리베이터를 타면 전망실의 3층에 닿는다. 후쿠오카 시내와 그 너머로 펼쳐진 바다, 산까지 시원하게 눈에 들어오며, 곳곳에 다양한 조형물이 놓인 포토 존이 마련되어 있다. 전망실 2층에는 카페가 있다. 타워 외벽은 저녁이 되면 다양한 조명을 받아 더욱 화려하게 빛나고 특별한 날은 일루미네이션을 선보인다.

福岡市早良区百道浜2-3-26 JR 하카타역 앞 6번 정류장에서 306·312번 버스로 25분. 텐진 버스센터 앞 1A 정류장에서 W1·302번 버스로 15분 09:30~22:00(입장 마감 21:30) 부정기 일반 ¥800, 초중학생 ¥500, 4세 이상 ¥200, 후쿠오카 오픈 톱 버스 승차권·산큐패스·지하철 1일 승차권 소지자 할인 fukuokatower.co.jp p.136-B4

시사이드 모모치 해변 공원 シーサイドももち海浜公園

이국적인 분위기의 일몰 포인트

후쿠오카 타워 북쪽으로 펼쳐진 인공 해변 공원이다. 비치발리볼이나 해양 스포츠를 즐기는 사람들이 많이 찾으며 샤워 시설이 마련되어 있다. 공원 중앙의 유럽풍 건물 '마리존(マリゾン)'에는 결혼식장과 음식점을 비롯해 우미노나카미치로 가는 페리 선착장 등이 있다.

후쿠오카 타워에서 도보 2분 marizon-kankyo.jp p.136-B4

후쿠오카시 박물관 福岡市博物館

이 도시의 역사가 궁금하다면

후쿠오카의 역사와 문화를 연구하고 전시하는 박물관. 2층에서 하카타 전통 공예관을 무료로 운영하며, 박물관 외부의 거대한 조각은 각각 웅변, 힘, 승리, 자유를 의미한다. 상설 전시의 주제는 '후쿠오카, 아시아에 살던 도시와 사람들'이다.

福岡市早良区百道浜3-1-1 후쿠오카 타워에서 도보 9분 09:30~17:30(7월 말~8월, 오봉 연휴 금~일, 공휴일 20:00), 30분 전 입장 마감 월요일(공휴일인 경우 다음 날 휴관), 12/28~1/4 일반 ¥200, 고등·대학생 ¥150, 특별전 요금 별도 museum.city.fukuoka.jp p.136-C4

아타고 신사 愛宕神社

후쿠오카 최고의 해돋이 명소

새해 첫 참배에 70만 명이 넘게 몰린다. 가는 길은 고될지 몰라도 경내에서 내려다보는 후쿠오카의 풍경이 일품이다. 오가는 길에 가로등이 거의 없으니 일몰 전에 내려오자. 외곽 지역이지만 쇼핑몰 이온 마리나 타운(AEON Marina Town)과 가까워 함께 들르기 좋다.

福岡市西区愛宕2-7-1 지하철 무로미역 1번 출구에서 도보 15분 atagojinja.com
p.136-A4

미즈호 페이페이돔 후쿠오카 MIZUHO PayPay Dome FUKUOKA

'소뱅' 홈구장이자 콘서트 성지

일본 프로야구 퍼시픽리그의 소프트뱅크 호크스의 홈구장. 일본 최초의 개폐식 돔 구장을 둘러볼 수 있는 투어 프로그램을 운영 중이며 홈페이지에서 예약 가능하다. 인기 콘서트가 열릴 때는 후쿠오카 시내의 숙박비가 들썩일 정도. 연간 일정은 홈페이지 참고.

福岡市中央区地行浜2-2-2 지하철 토진마치역 1번 출구에서 도보 15분 돔 투어 홈페이지 dometour.softbankhawks.co.jp/korean p.136-C4

보스 이조 후쿠오카 BOSS E・ZO FUKUOKA

어린이 고객의 만족도 최상!

다양한 액티비티 시설을 갖춘 페이페이돔의 부속 건물. 4층에 오 사다하루 베이스볼 뮤지엄, 5층에 팀 랩 포레스트 후쿠오카가 위치한다. 푸드 코트가 있는 3층 안내소 겸 매표소에서 돔 투어 현장 예약도 가능하다.

福岡市中央区地行浜2-2-6 미즈호 페이페이돔 후쿠오카에서 도보 1분 안내소·푸드 코트 11:00~21:00, 오 사다하루 베이스볼 뮤지엄·팀 랩 포레스트 후쿠오카 11:00~20:00 부정기 e-zofukuoka.com p.136-C4

하카타 포트 타워 博多ポートタワー

저 빨간색 타워는 뭐지?

하카타항의 상징이다. 전체 높이는 100m이며 70m 높이에 위치한 전망실에서 후쿠오카 시내와 하카타항을 360도로 조망할 수 있다. 타워 1층에는 하카타항의 역할과 역사를 소개하는 베이 사이드 뮤지엄이 있다. 해가 지면 타워 전체에 조명이 들어와 더욱 눈에 띈다.

福岡市博多区築港本町14-1 JR 하카타역 앞 F 정류장에서 99번 버스로 15분. 텐진 솔라리아 스테이지 앞 2번 정류장에서 90번 버스로 10분 10:00~17:00(입장 마감 16:40) 수요일, 12/29~1/3 무료 p.137-E3

베이사이드 플레이스 하카타 ベイサイドプレイス博多

하카타 항구에서 시간 보내기

하카타 부두의 여객 터미널이 있는 복합 시설이다. 우미노나카미치 등으로 가는 배를 탈 수 있으며 하카타 포트 타워, 나미하노유 온천도 시설에 포함된다. A, B, C 총 3개의 동으로 이루어져 있으며 매표소, 대합실, 음식점, 기념품점, 편의점 등의 시설이 자리한다. C동 내부에 거대한 수족관이 있다.

福岡市博多区築港本町13-6 JR 하카타역 앞 F 정류장에서 99번 버스로 15분. 텐진 솔라리아 스테이지 앞 2번 정류장에서 90번 버스로 10분 음식점 11:00~22:00, 상점 10:00~20:00 부정기 www.baysideplace.jp p.137-F3

하카타 토요이치 博多豊一

저렴한 가격에 다양한 스시를!

스시 종류가 다양하고 가격이 저렴하며 원하는 만큼 골라 먹을 수 있어 인기가 많다. 대기 명단에 이름을 쓰고 직원이 부르면 안내를 받아 착석하면 된다. 스시 가판대로 이동해 스시를 고른 후 다시 직원을 불러 개수를 확인하고 테이블의 태블릿 피시에 주문 내역을 입력한다. 튀김 등 다른 메뉴는 태블릿 피시로 주문 가능. 포장할 때는 줄을 설 필요 없이 바로 스시를 골라 계산대에서 결제하면 된다.

福岡県福岡市博多区築港本町13-6 하카타 포트 타워에서 도보 2분 11:00~20:30(금 21:30), 토 10:30~21:30, 일 10:30~17:30, 30분 전 주문 마감 수요일 스시 1개 ¥110(세금 미포함), 현금 결제만 가능 hakatatoyoichi_bayside p.137-F3

나가하마 선어 시장 長浜鮮魚市場

후쿠오카의 부엌

도매 시장인 나가하마 선어 시장은 매달 두 번째 토요일에만 일반에 개방한다. 개방하는 날은 특가로 생선을 판매하고 참치 해체 쇼(09:30), 요리 교실 등 다양한 이벤트가 열린다. 관공서를 연상케 하는 시장 회관 1층에 해산물 요리 전문점이 모여 있고 시내보다 만족스러운 가격에 식사를 할 수 있다. 13층의 무료 전망 공간에서는 하카타 항구 일대가 내려다보인다. 다만 수산시장의 활기찬 분위기를 기대했다가는 회색빛 건물에 실망할 수도.

福岡市中央区長浜3-11-3 텐진 지하상가 서1 출구에서 도보 15분. 지하철 아카사카역 6번 출구에서 도보 12분 nagahamafish.jp p.137-E4

나가하마 선어 시장의 스폿

우오타츠 스시 市場ずし 魚辰

신선한 회전초밥을 이 가격에?

시장 회관 1층 입구에 있다. 주문을 하면 바로 내어주는 방식이며, 한국어가 지원되는 태블릿 피시로 주문할 수 있다. 시장이 가까워 매일 특가로 내놓는 생선 종류가 달라진다.

나가하마 수산시장 1층 09:30(일 11:00)~21:00 12/31~1/1 스시 한 접시 ¥115~. 현금 결제만 가능 p.137-E4

간소 나가하마야 元祖 長浜屋

후쿠오카 3대 라멘 중 하나

하카타 라멘, 쿠루메 라멘(久留米ラーメン)과 함께 후쿠오카의 3대 라멘으로 불리는 나가하마 라멘(長浜ラーメン)의 원조집. 특별한 기교 없이 우직한 맛이다. 근처 시장에서 일하는 사람들에게 음식을 빨리 내기 위해 매우 가는 면을 사용했다고 한다. 면이 잘 퍼지기 때문에 곱빼기가 아닌 면 사리를 추가하는 방식인 카에다마(替玉) 스타일을 고안했고 이젠 돈코츠 라멘의 문화로 정착했다.

福岡市中央区長浜2-5-25 지하철 아카사카역 1번 출구에서 도보 10분 06:00~01:45(화 22:00) 12/31~1/5 라멘 ¥550. 현금 결제만 가능 www.ganso-nagahamaya.co.jp p.137-E4

마크 이즈 후쿠오카모모치 MARK IS 福岡ももち

돔 구장 방문과 쇼핑을 동시에

페이페이돔과 마주한 대형 쇼핑몰. 시내 중심에 비해 한산해 쾌적한 쇼핑을 할 수 있다. 면세 카운터는 따로 없고 'Japan Tax-free Shop' 매장에서 면세 가능.

福岡市中央区地行浜2-2-1 지하철 토진마치역 1번 출구에서 도보 10분 상점 10:00~21:00, 음식점 11:00~22:00 부정기 mec-markis.jp/fukuoka-momochi p.136-C4

층별 주요 매장

4	코지마x빅카메라, 반다이 남코
3	스리 코인스, 지유, 토이 자러스, 베이비 자러스, 푸드 코트
2	ABC 마트, 스타벅스, 츠타야 북 스토어
1	유니클로, 슈퍼마켓

현지인의 주말 여행지
우미노나카미치 海の中道

Tips. 우미노나카미치 가는 길

열차로 이동

JR 하카타역에서 가고시마 본선을 탄 후 JR 카시이역(香椎)에서 하차, 카시이역에서 카시이선으로 환승 후 JR 우미노나카미치역에서 내린다.

40분 소요 ¥480

배로 이동

하카타항(하카타 부두 제1터미널), 모모치(마리존 내 우미노나카미치 선착장)에서 우미노나카미치로 가는 배를 탈 수 있다. 우미노나카미치 내 선착장은 마린월드 우미노나카미치 바로 앞에 위치한다. 시간표가 수시로 바뀌니 홈페이지에서 미리 확인하자.

30분 소요 중학생 이상 ¥1,200, 초등학생 ¥600 yasuda-gp.net/hakata/uminaka-3

©Daiju Azuma

마린월드 우미노나카미치 マリンワールド海の中道

가까이서 만나는 물속 친구들

3층 규모의 수족관이며 상당히 넓어 입장할 때 지도를 챙기는 걸 추천한다. 하카타만을 바라보는 위치에 마련된 야외 풀에서 진행하는 돌고래쇼가 인기 있다. 여름엔 햇빛을 가려줄 구조물이 없고 시야를 위해 양산을 쓸 수 없다는 게 단점. 돌고래쇼, 먹이주기 체험 등의 일정은 홈페이지에서 한국어로 확인할 수 있다.

福岡市東区大字西戸崎18-28 09:30~17:30(골든 위크·여름 21:00), 12~2월 10:00~17:00 2월 첫 번째 월·화요일 일반 ¥2,500, 고등·대학생 ¥2,000, 초중학생 ¥1,200, 3세 이상 미취학아동 ¥700 marine-world.jp

우미노나카미치 해변 공원 海の中道海浜公園

꽃의 융단이 깔리는 공원

과거에 비행장으로 사용했던 넓은 부지에 조성한 공원. 공원 내에 잔디 광장, 동물원, 수영장 등 다양한 시설이 있고 데이트 명소, 피크닉 명소로 사랑받는다. 봄과 여름엔 공원 곳곳에 다양한 꽃이 피어나는데 그중에서도 벚꽃, 네모필라, 튤립을 한 번에 볼 수 있는 4월 초가 특히 아름답다. 공원 입구에서 자전거를 빌려 타고 다니면 훨씬 수월하게 둘러볼 수 있다. 구석구석 안내판이 잘되어 있어 길을 헤맬 일은 거의 없지만 입구에서 지도를 챙기면 도움이 된다.

福岡市東区大字西戸崎18-25 3~10월 09:30~17:30(11~2월 17:00), 1시간 전 입장 마감 12/31~1/1, 2월 첫 번째 월·화요일 15세 이상 ¥450, 65세 이상 ¥210, 자전거 대여 3시간 ¥500, 연장 30분당 ¥100, 하루 종일(~17:00) ¥700 uminaka-park.jp
uminonakamichiseasidepark

Part 03

후쿠오카 근교 여행

Around Fukuoka

九州の小さな町

Day Trip 01

학문의 신을 만나러 가는 길 다자이후

大宰府

Intro & Access

다자이후로의 여행

후쿠오카 시내에서 왕복 2시간 이내로 다녀올 수 있어 당일치기 여행지로 제격인 다자이후. 학문의 신을 모시는 다자이후텐만구 덕분에 간절한 소망을 담은 학생과 학부모의 발길이 일 년 내내 끊이지 않는다.

Tips. 일정 짜기 팁

다자이후텐만구는 후쿠오카 시내에서 출발하는 당일치기 버스 투어에서 가장 먼저 들르는 명소이다. 학문의 신을 모시는 신사라 1년 내내 일본 학생들의 단체 방문이 끊이지 않는 곳이기도 하다. 인파를 피해 여유롭게 둘러보고 싶다면 오전 9시 이전에 다자이후에 도착하는 것을 추천한다. 아침 일찍 서두르는 게 부담스럽다면 차라리 오후 4시 이후에 방문하는 것도 방법이다.

관광 안내소 福岡県太宰府市宰府2-5-1 다자이후역 내 09:00~17:00 dazaifu.org

Access

니시테츠후쿠오카(텐진)역 •••• 니시테츠후츠카이치역 ••••▶ 니시테츠다자이후역

니시테츠 전철 30분 소요 ¥420

하카타 버스 터미널 ••••••••••••••••••••▶ 니시테츠다자이후역

다자이후 라이너 버스 타비토 하카타 버스 터미널 1층 11번 승차장 40분 소요 ¥700

후쿠오카 공항(국내선) ••••••••••••••••••••▶ 니시테츠다자이후역

다자이후 라이너 버스 타비토 후쿠오카 공항 국내선 터미널 1층 2번 정류장 25분 소요 ¥600

Tips. 다자이후 이동 팁

· 니시테츠후쿠오카(텐진)역(西鉄福岡(天神))에서 출발하는 모든 열차는 행선지나 종류와 관계없이 니시테츠후츠카이치역(西鉄二日市)에 정차하므로, 가장 빨리 출발하는 열차를 타자.

· 다자이후 라이너 버스 타비토(太宰府ライナーバス旅人)는 예약할 필요 없이 승차 시 요금을 지불하며, 평일엔 하루에 왕복 28편, 주말엔 하루에 왕복 36~37편 운행한다.

Tips. 후쿠오카 시내+다자이후 라이너 버스 타비토 1일 프리 승차권
福岡市内 太宰府ライナーバス旅人1日フリー乗車券

후쿠오카와 다자이후를 여행할 때 유용한 패스. 종이 승차권은 후쿠오카 시내의 버스 터미널, 니시테츠 버스 정기권 판매소 등에서 구매 가능하며, 이용 당일 후쿠오카 시내버스와 '타비토'를 무제한으로 이용할 수 있다. 성인 1명당 초등학생 1명이 무료라서 가족 단위 여행자에게 특히 추천한다. 마이 루트 애플리케이션으로 구매할 경우 개시한 순간부터 24시간 승차할 수 있어 더욱 경제적이다.

성인 ¥2,100, 아동 ¥1,050/앱 승차권 성인 ¥2,000, 아동 ¥1,000

www.nishitetsu.jp/bus/jyousha/cityfree_tabito

Map
다자이후 지도
A
B
C
D
E
1
2
3
N
0
50m
Sightseeing
Food&Drink
Shopping
다자이후텐만구(영역)
본전
토비우메
임시 봉안전
데미즈샤
보물전
다이코 다리
신지이케
소 동상
다자이후텐만구 안내소
스타벅스
카사노야
텐잔
오모테산도
후쿠타로
코나안
관광 안내소
니시테츠 다자이후역
큐슈 국립 박물관

🚶 출발지 다자이후역에서 **도보 3분**

다자이후텐만구 太宰府天滿宮

학문의 신께 향하는 기분 좋은 산책

학문의 신 스가와라노 미치자네(菅原道真)를 모시는 신사. 헤이안 시대의 뛰어난 학자였던 그는 훗날 학문과 문화·예술의 신인 '텐진 신'으로 추앙되었다. 스가와라노 미치자네는 수도 교토에서 다자이후로 좌천당해 유명을 달리했는데, 그의 유해를 태운 달구지를 끌던 소가 걸음을 멈추고 움직이지 않았던 자리에 신사를 세웠다고 한다. 919년에 창건한 이곳은 일본 전역 1만 2000여 개 텐진 신사의 총본산이다. 경내에는 녹나무, 창포 등 다양한 식물과 스가와라노 미치자네가 사랑한 매실나무 6000여 그루가 자라고 있다. 매년 2월 25일에는 매화 축제, 9월 21~25일에는 그의 죽음을 기리는 대규모 행사가 열린다. 신사 초입에 종합 안내소가 있으며 본전까지 도보 5분 정도 걸린다.

📍福岡県太宰府市宰府4-7-1 🕒 경내 06:30~19:00(계절에 따라 달라짐), 보물전 09:00~16:30(입장 마감 16:00) ⊗ 경내 연중무휴, 보물전 월요일 🏷 경내 무료, 보물전 ¥500

dazaifutenmangu.or.jp dazaifutenmangu.official p.154-C1&C2

다자이후텐만구의 스폿

오모테산도 表参道

맛있는 기념품 거리

다자이후역에서 다자이후텐만구로 이어지는 참배길. 유배 중 끼니를 거르는 스가와라노 미치자네에게 한 노파가 매화가지에 꽂은 찹쌀떡을 건넸다 하여 전승된 우메가에모치(梅ヶ枝餅)를 비롯한 다자이후의 명물을 판매하는 기념품점과 음식점이 늘어서 있다.

소 동상 御神牛

동상을 만지면 소원이 이뤄진대요!

신의 심부름꾼으로 알려진 소 동상이 경내에 11구나 있다. 초입에 있는 소 동상은 수많은 사람의 손길이 닿아 머리와 뿔 부분이 반질반질하다. 스가와라노 미치자네는 소와 인연이 깊은 인물이다. 그는 소의 해(845년 을축년)에 태어났고 소의 울음소리를 듣고 자객을 피해 도망친 적도 있다.

다이코 다리 太鼓橋

시간을 건너는 붉은 다리

본전 앞 연못인 신지이케(心字池)에 걸린 3개의 다리. 들어가는 순서대로 각각 과거, 현재, 미래를 뜻하며, 본전을 참배한 후 나올 땐 다리를 거슬러 올라가기보단 옆길을 이용하는 게 좋다고 한다.

다자이후텐만구의 스폿

데미즈샤 手水舎

참배객이 몸을 정화하는 곳

참배를 드리기 전 손과 입을 깨끗이 닦는 곳이다. 뒤쪽에는 동양의 전설 속 상상의 동물인 기린 동상이 있다.

토비우메 飛梅

아련한 전설이 깃든 매화나무

본전을 정면으로 바라볼 때 오른쪽에 있는 매화나무. 경내에서 가장 먼저 꽃을 피운다고 알려졌으며 수령 1000년이 넘었다. 본전 개보수 중에는 볼 수 없다.

본전 御本殿

경건한 마음들이 모이는 공간

국가중요문화재로 붉은색과 금박이 어우러져 매우 화려하다. 정면의 지붕이 돌출된 부분에 다자이후텐만구의 상징인 매화꽃이 새겨져 있다. 919년에 세워진 이후 여러 번의 화재를 겪었고 1591년에 지금의 모습을 갖췄다. 현재 124년 만의 개보수 공사 중이다. 공사 기간 동안은 지붕을 숲으로 표현한 독특한 외관의 임시 봉안전(仮殿)이 본전을 대신한다.

본전

임시 봉안전

🚶 다자이후텐만구 종합 안내소에서 **도보 1분**

스타벅스 スターバックスコーヒー

다자이후 하면 떠오르는 그곳!

일본 전역에 28개뿐인 지역 랜드마크 스토어 중 하나. 건축가 구마 겐고(隈 研吾)가 설계했다. 2000여 개의 나무 조각을 일본 전통 방식으로 촘촘하게 쌓아 올린 인테리어가 눈에 띈다. 창밖으로 매화나무를 심은 정원이 보인다.

다자이후 오모테산도점 太宰府天満宮表参道店 📍福岡県太宰府市宰府3-2-43 🕒08:00~20:00 ⊗ 부정기 p154-B2

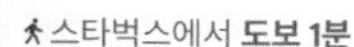

🚶 스타벅스에서 **도보 1분**

카사노야 かさの家

여기가 우메가에모치 핫플!

1922년 여관으로 영업을 시작해 지금은 카페, 기념품점을 함께 운영 중이다. 우메가에모치를 포장하는 사람들로 시끌벅적한 바깥과는 달리 내부는 조용하다. 점심 시간 이전과 오후 4시 이후엔 한산한 편.

📍福岡県太宰府市宰府2-7-24 🕒09:00~18:00 ⊗ 연중무휴 🏷우메가에모치 ¥150, 카페 말차 세트 ¥650 ➚ kasanoya.com p.154-B2

🚶 카사노야에서 **도보 4분**, 종착지 다자이후역까지 **도보 1분**

코나안 誇名庵(kona-an)

조용하게 즐기는 소바 한 그릇

다자이후역 길 건너에 있는 소바 전문점이다. 텐만구와 반대 방향이라 많이 붐비지 않는다. 영어와 사진이 들어간 메뉴판이 있다. 텐푸라 소바가 인기가 많은데, 간이 과하지 않고 튀김옷이 부드럽다.

📍福岡県太宰府市宰府1-10-30 🕒11:00~15:00, 17:00~재료 소진 시 ⊗ 부정기 🏷텐푸라 소바(天ぷらそば) ¥1,500. 현금 결제만 가능 p.154-A2

큐슈 국립 박물관 九州国立博物館

본전에서 10분 거리에 박물관이!

도쿄, 교토, 나라에 이어 일본에서 네 번째로 세운 국립 박물관이다. 국보 4점과 다수의 중요 문화재가 있다. 3층은 특별전, 4층은 상설전인 '문화교류전' 전시실이다. 2~3개월에 한 번씩 상설전 전시품을 교체하며, 한반도와 큐슈 지역 문화 교류의 역사를 보여주는 유물도 다수 전시 중이다.

福岡県太宰府市石坂4-7-2 다자이후텐만구 본전에서 도보 10분. 다자이후텐만구 경내 '레인보우 터널'의 에스컬레이터를 타면 쉽게 찾아갈 수 있다. 09:30~17:00(입장 마감 16:30). 야간 개관 기간 있음 월요일(공휴일인 경우 다음 날 휴관), 연말연시 일반 ¥700, 대학생 ¥350, 특별전 별도 요금 kyuhaku.jp p.154-D3&E3

텐잔 天山(Tenzan)

한입에 다 못 먹는 딸기 모나카

후쿠오카의 특산품인 아마오우 딸기가 들어간 찹쌀떡과 모나카가 유명하다. 현금 결제만 가능.

본점 本店 福岡県太宰府市宰府2-7-12 다자이후역에서 도보 1분 08:30~17:30 부정기 딸기 찹쌀떡 ¥500, 딸기 모나카 ¥700 p.154-B2

후쿠타로 福太郎

현지인이 사랑하는 구운 오니기리

구운 밥을 김으로 감싼 야키 오니기리를 판매한다. 명란이 들어간 멘타이 야키 오니기리가 인기.

다자이후점 太宰府店 福岡県太宰府市宰府1-14-28 다자이후역에서 도보 3분 09:00~17:00 12/31 멘타이 야키 오니기리 ¥280 p.154-A2

Day Trip 02

동화 속 온천 마을
유후인

湯布院

赤司菓子舗
一休
2F
営業中

Intro & Access

유후인으로의 여행

아기자기한 상점이 모인 거리, 산과 호수 그리고 온천이 모두 담긴 선물 세트 같은 마을. 서너 시간이면 둘러볼 수 있는 작은 시골 마을이라고 생각할 수도 있지만, 유후인을 온전히 느끼고 싶다면 온천이 딸린 숙소에서 하룻밤이라도 묵어가는 걸 추천한다. 한적한 킨린 호수 주변을 유유히 거닐고, 자연에 둘러싸인 온천에 몸을 담그면 느리게 흐르는 시간조차 아쉽게 느껴진다.

Tips. 일정 짜기 팁

유후인의 기념품점, 음식점은 오후 6시 이전에 영업을 종료하는 곳이 많다. 유노츠보 거리, 킨린 호수 등의 명소를 모두 방문하고 당일치기 온천까지 이용하고 싶다면 최소 5시간 이상 유후인에 머무는 걸 추천한다.

관광 안내소 大分県由布市湯布院町川北8-5 JR 유후인역에서 도보 1분 09:00~17:30 yufu-tic.jp

Access

JR 하카타역 ••••••••••▶ **JR 유후인역**

특급 유후/특급 유후인노모리 열차 2시간 20분 소요 ¥4,080~5,690/JR 큐슈레일패스 사용 가능

니시테츠텐진 고속버스 터미널 ••••••••••▶ **유후인역 앞 버스센터**

니시테츠 버스의 유후인호 니시테츠텐진 고속버스 터미널 5번 승차장 2시간 20분 소요 편도 ¥3,250, 왕복 ¥5,760, 웹 회수권(2인 왕복 탑승 시 추천) ¥9,200/산큐패스 사용 가능

하카타 버스 터미널 ••••••••••▶ **유후인역 앞 버스센터**

니시테츠 버스의 유후인호 하카타 버스 터미널 3층 34번 승차장 2시간 소요 편도 ¥3,250, 왕복 ¥5,760, 웹 회수권(2인 왕복 탑승 시 추천) ¥9,200/산큐패스 사용 가능

후쿠오카 공항(국제선) ••••••••••▶ **유후인역 앞 버스센터**

니시테츠 버스의 유후인호 후쿠오카 공항 국제선 터미널 1층 3번 정류장 1시간 40분 소요 편도 ¥3,250, 왕복 ¥5,760, 웹 회수권(2인 왕복 탑승 시 추천) ¥9,200/산큐패스 사용 가능

JR 벳푸역 ••••••••••▶ **유후인역 앞 버스센터**

36번 버스 벳푸역 서쪽 출구 1번 정류장 1시간 소요 ¥1,100/산큐패스 사용 가능

Tips. 열차 및 버스 예약 팁

유후인노모리

- '유후인의 숲'이라는 뜻으로, 전 좌석을 지정석으로 운행하기 때문에 반드시 예약해야 한다.
- 탑승 한 달 전 오전 10시부터 예약 가능하다.
- 예약 사이트인 JR 큐슈 홈페이지(train.yoyaku.jrkyushu.co.jp)에서 미리 회원 가입을 하고 신용 카드를 등록한다.
- 한국어 페이지는 오류가 잦으니 일본어, 영어 페이지로 진행한다.
- '큐슈넷토킷푸(九州ネットきっぷ)'를 선택하면 요금 할인을 받을 수 있다.
- 창밖 풍경이 잘 보이는 맨 앞 칸의 1열과 맨 뒤 칸의 가장 뒷자리는 경쟁이 치열하다.
- 일본에서 승차권을 찾을 때 결제한 신용 카드, 예약번호, 예약할 때 입력한 전화번호의 뒤 4자리가 필요하다.
- JR 하카타역에선 보통 5·6번 플랫폼에서 출발하며 하루 평균 6편 운행한다.
- 열차에서 내릴 때도 승차권을 확인한다.

특급 유후인노모리 창구 발매 ¥5,690/온라인 예매 ¥5,160
특급 유후 창구 발매 지정석 ¥5,190, 자유석 ¥4,660/온라인 예매 지정석과 자유석 ¥4,080

니시테츠 버스의 유후인호

- 예약은 필수이며 일본 고속버스 예매 사이트(highwaybus.com)에서 탑승 한 달 전부터 가능하다.
- '창구 또는 버스 차내 결제'를 선택하면 예약 취소 시 수수료가 발생하지 않는다.
- 니시테츠 버스 창구에서 온라인 예약 내역을 보여주고 승차권을 수령한다.

Accommodation

유후인 숙소

유후인 숙소 잡기

유후인은 한적한 시골 마을이라 규모가 큰 호텔은 없고 대부분 온천이 딸린 료칸이다. 시내라고 할 수 있는 JR 유후인역 주변과 유노츠보 거리에서 킨린 호수 사이에 위치한 숙소가 많지 않아 전체적으로 후쿠오카 시내나 벳푸보다 숙박비가 비싼 편이다. 하지만 세심한 서비스, 고즈넉한 시설, 온천탕 덕분에 만족도가 높다.

Tips. 숙소 선택 시 고려 사항

· 일본 료칸은 객실당 숙박비를 책정하는 것이 아니라 인원수대로 숙박비를 책정하고 2인 투숙이 기본이라 혼자서는 이용하지 못할 수 있다.
· 같은 료칸이라도 온천탕이 딸린 객실과 그렇지 않은 객실의 숙박비 차이가 크다.
· 유후인엔 늦게까지 영업하는 음식점이 거의 없고, 숙소 위치에 따라 편의점까지 가기가 쉽지 않을 수 있다. 숙박비에 조식과 석식이 포함되어 있는지 꼭 확인한다.
· 숙소 위치에 따라 송영 서비스를 제공하는 곳도 있으니 확인 후 미리 신청하자.

유후인 추천 숙소

상호	이동(JR 유후인역 기준)	가격대
산소 무라타	송영 서비스 있음. 차로 10분	70만 원~
카메노이 벳소	도보 25분 또는 차로 5분	55만 원~
유후인 산토우칸	도보 20분 또는 차로 5분	50만 원~
타마노유	도보 15분	33만 원~
유후인 야스하	차로 7분	30만 원~
바이엔	도보 21분 또는 차로 5분	25만 원~
누루카와	도보 20분 또는 차로 5분	20만 원~

* 가격은 비수기 평일, 2인 기준 최저가

Map
유후인 지도
Sightseeing
Food&Drink
Shopping
온천
텐소 신사
공공화장실
벳푸
킨린 호수
누루카와 온천
사보 텐조사지키
금상 고로케(본점)
유후인 플로랄 빌리지
스누피차야
유노츠보 거리
금상 고로케(2호점)
미르히
(본점)
쿠쿠치 카페
코미코 아트 뮤지엄 유후인
코쵸빵
모미지
미르히(카페)
유후인역 앞
버스센터
관광 안내소
유후인역
유후인 산스이칸
유후인 이요토미
무소엔
0
100m
A
B
C
1
2
3
4
5

🚶 출발지 유후인역에서 **도보 4분**

모미지 もみじ

정갈하고 맛있는 한상 차림

스테이크 덮밥과 장어 덮밥이 인기. 텐푸라, 회 모둠 등이 나오는 점심 세트도 있다. 간이 세지 않고, 아기 의자가 있어 가족 여행객에게도 추천.

大分県由布市湯布院町川上2921-3 11:30~14:30 일요일 스테이크 덮밥(黒毛和牛ステーキ丼) ¥2,900, 장어 덮밥(特上うな丼) ¥2,900. 현금 결제만 가능 p.165-A4 구글 지도에서 예약 가능(예약 시 메뉴 선택)

🚶 모미지에서 **도보 6분**

유노츠보 거리 湯の坪街道

구경하는 재미가 가득!

조용한 온천 마을 유후인에서 가장 북적이는 거리. JR 유후인역에서 킨린 호수로 향하는 길 양옆에 기념품점, 음식점, 슈퍼마켓, 길거리 간식을 파는 곳, 갤러리 등이 늘어서 있다. 당일치기 여행자들이 빠져나가는 오후 5시가 지나면 문을 닫는 가게도 많다. 킨린 호수 쪽으로 걷는 내내 벳푸와의 경계에 위치한 산, 유후다케(由布岳)의 웅장한 모습이 눈을 사로잡는다.

yunotubo.com p.165-A2&A3

🚶 유노츠보 거리 입구에서 **도보 3분**

미르히 由布院ミルヒ

우유 맛 가득한 푸딩과 케이크

유노츠보 거리의 음식점 중 가장 인기 있는 곳. 독일어로 우유를 뜻하는 미르히(Milch)라는 이름처럼 우유 맛 디저트들을 만든다. 5분 안에 먹으라고 안내하는 따뜻한 컵 치즈케이크는 미르히 본점의 명물. 앉을 공간이 없고 보관도 까다롭지만 늘 손님으로 붐빈다. 3월부터 9월까지는 거리에 벌레가 많으니 먹을 때 주의하자. JR 유후인역 앞에도 미르히 카페가 있다.

본점 本店 大分県由布市湯布院町川上3015-1 10:30~17:30 부정기 오리지널 치즈케이크 ¥240, 푸딩 ¥330, 현금 결제만 가능 milch-japan.co.jp yufuin_milch p.165-A3

🚶 미르히에서 **도보 7분**

유후인 플로랄 빌리지 湯布院フローラルビレッジ

영국 코츠월드 거리가 그대로

무민, 포켓몬, 토토로 등의 캐릭터 숍, 소품 숍, 음식점 등이 옹기종기 모여 있는 작은 테마파크. 토끼, 염소, 오리 등 다양한 동물이 살고 있어 아이들과 함께 가기 좋다. 내부 화장실은 상점 영수증이 있으면 무료로 사용할 수 있다. 대단한 볼거리가 있는 건 아니지만 사진 찍기 좋다.

大分県由布市湯布院町川上1503-3 09:30~17:30 부정기 floral-village.com p.165-A2

🚶 유후인 플로랄 빌리지에서 **도보 7분**

킨린 호수 金鱗湖

황금 잉어의 비늘처럼 빛나는 물결

호수에서 헤엄치는 물고기의 비늘이 석양빛에 반짝이는 모습을 본 메이지 시대의 학자가 이름을 붙였다. 호수 둘레는 약 400m이며 산책로가 조성되어 있다. 호수 바닥에서 온천이 샘솟아 수온이 사계절 따듯하게 유지된다. 겨울 아침이라면 온도차 때문에 물안개가 짙게 깔린 모습도 볼 수 있다. 호수를 둘러싼 초목이 붉게 물드는 가을 풍경도 아름답다. 호수 남서쪽에 텐소 신사(天祖神社)와 공공화장실이 있다.

📍分県由布市湯布院町川上1561-1 📖p.165-B1

🚶 킨린 호수에서 **도보 7분**, 종착지 유후인역까지 **도보 18분**

금상 고로케 湯布院金賞コロッケ

유후인 대표 간식

본점은 플로랄 빌리지 앞, 2호점은 미르히 본점 근처에 있으며 메뉴와 가격은 동일하다. 대표 메뉴는 가게 이름과 같은 '금상 고로케'이며 카레, 소 힘줄, 치즈, 게살 크림 등 여러 가지 맛이 있다.

📍본점 大分県由布市湯布院町川上1511-1, 2호점 大分県由布市湯布院町川上1079-8 🕘 09:00~18:00(12~2월 평일 17:30)
✖ 부정기 🏷 금상 고로케 ¥200. 현금 결제만 가능
📖p.165-A2&A3

코미코 아트 뮤지엄 유후인 COMICO ART HOUSE YUFUIN

일본 거장들의 작품을 한눈에

'NHN 재팬'에서 운영하는 시설로 다자이후 스타벅스로 익숙한 구마 겐고가 설계했다. 6개 전시 공간 중 쿠사마 야요이(草間 彌生)의 작품이 전시된 갤러리 1, 2에서는 사진을 찍을 수 없다. 2층의 오픈 갤러리에는 장엄한 유후산을 배경으로 나라 요시토모(奈良 美智)의 작품 〈유어 도그(Your Dog)〉가 전시되어 있다.

大分県由布市湯布院町川上2995 1 JR 유후인역에서 도보 10분 09:30~17:00(입장 마감 16:30) 수요일, 1/1~2 일반 ¥1,700, 대학생 ¥1,200, 중·고등학생 ¥1,000, 초등학생 ¥700, 미취학 아동 무료, 홈페이지 예약 시 ¥200 할인 camy.oita.jp p.165-A3

쿠쿠치 카페 鞠智

번잡함을 피해 잠시 쉬어가세요

미르히 본점 맞은편에 카페와 기념품점이 붙어 있다. 도라야키, 딸기 찹쌀떡, 닭튀김 등을 포장해가는 손님이 많으며, 유후인의 식재료를 활용한 잼, 조미료, 과자도 판매한다. 카페는 비교적 한산한데 도쿄의 유명 로스터리인 노지(NOZY) 커피의 원두를 사용한다. 계절 과일 파르페와 케이크도 인기.

大分県由布市湯布院町川上3001-1 JR 유후인역에서 도보 10분 10:00~17:00 무휴 도라야키 단품 ¥320, 세트 ¥1,000, 딸기 찹쌀떡 ¥805 cucuchi.jp p.165-A3

스누피차야 SNOOPY茶屋

골목 전체가 스누피로 가득!

일본에 5개뿐인 스누피 카페. 기념품점과 빵집이 붙어 있고 유후인 한정 상품을 다양하게 판매한다.

유후인점 由布院店 大分県由布市湯布院町川上1540-2 JR 유후인역에서 도보 15분 카페 3/6~12/5 10:00~17:00, 12/6~3/5 10:00~16:30 무휴 스누피 함박 오므라이스 ¥1,848, 피자 ¥1,518~1,550 snoopychaya.jp p.165-A2

코쵸팡 こちょぱん

온천수에 담가 만든 베이글

소금빵, 식빵 등 다양한 빵 중에서도 온천 베이글이 유명하다. 베이글은 상온에서 사흘, 냉동하면 최장 1개월까지 보관할 수 있다.

大分県由布市湯布院町川上3725-13 JR 유후인역에서 도보 2분 09:00~17:00 일요일 베이글 ¥210~, 소금빵 ¥120 kochopan.com kochopan p.165-A4

사보 텐조사지키 茶房 天井棧敷

유후인에서 만난 카츠산도 맛집

카메노이 벳소 료칸에서 운영한다. 천장이 낮아 아늑하며 창가에 앉으면 료칸의 정원과 킨린 호수가 살짝 내려다보인다. 오픈 시간부터 11시까지 모닝 세트를 주문할 수 있고 세트로 주문하면 음료, 샐러드, 디저트가 함께 나온다. 유후인에서 나는 제철 식재료를 활용한 메뉴를 선보인다.

大分県由布市湯布院町川上2633-1 亀の井別荘内 JR 유후인역에서 도보 20분 카페 09:00~18:00, 바 19:00~24:00 부정기 커피 ¥600~, 모닝 세트 ¥1,540, 카츠산도 단품 ¥1,210, 세트 ¥1,650 p.165-B2

당일치기 추천 온천

무소엔 山のホテル夢想園

정갈하고 조용한 숲속 온천

유후인의 노천탕 중 가장 뛰어난 풍광을 자랑한다. 예약, 추가 비용 없이 가족탕을 이용할 수 있다.

大分県由布市湯布院町川南1243
JR 유후인역에서 도보 25분, 택시로 5분 10:00~14:00 수요일 여성, 금요일 남성 욕탕 청소로 일부 이용할 수 없음 중학생 이상 ¥1,000(청소일 ¥700), 5~12세 ¥700(청소일 ¥600), 수건 구매 대·소 ¥1,500·300
musouen.co.jp/higaeri p.165-C5

누루카와 온천 御宿 ぬるかわ温泉

산과 호수로 둘러싸인 가성비 온천

킨린 호수와 매우 가깝다. 가족탕이 6개나 있고 추가 비용을 내면 휴게실을 이용할 수 있다.

大分県由布市湯布院町川上1490-1
JR 유후인역에서 도보 15분
08:00~20:00 연중무휴 일반 ¥600, 초등학생 이하 ¥300, 가족탕(4명, 60분) 실내 ¥2,000·실외 ¥2,600
hpdsp.jp/nurukawa/hot_spring
p.165-A2

유후인 산스이칸 ゆふいん山水館

JR 유후인역에서 도보 5분

료칸이 아닌 호텔이라 규모가 크다. 로비에서 칫솔 등 어메니티를 챙겨서 올라가면 된다.

大分県由布市湯布院町川南108-1
JR 유후인역에서 도보 6분
12:00~16:00 연중무휴 일반 ¥700, 4~12세 ¥400, 수건 구매 ¥100
sansuikan.co.jp/spa p.165-B4

유후인 이요토미 由布院いよとみ

가성비가 좋아 인기 있는 노천탕

실내 욕탕이 대·중·소로 나뉘어 있고 특히 대욕장의 규모가 크다. 노천탕은 먼저 이용하는 사람이 있다면 기다려야 한다.

分県由布市湯布院町川南848 JR 유후인역에서 도보 10분 10:00~15:00 연중무휴 일반 ¥500, 아동 ¥250
iyotomi.jp/hotsprings p.165-B5

Day Trip 03

눈이 즐거운 지옥 순례
벳푸

別府

Intro & Access

벳푸로의 여행

온천의 나라 일본에서 일본인이 가장 선호하는 온천 여행지 2위에 빛나는 벳푸. 특히 원천(源泉)의 개수와 온천수 용출량은 압도적 1위를 자랑한다. 으스스한 이름이 즐비한 벳푸의 온천을 즐기는 방법은 다양하다. 보고, 웃고, 바르고, 먹고, 마시는 지옥 순례를 마치면 뽀얗게 올라오는 수증기처럼 지친 몸과 마음도 어느새 뽀얗게 씻겨 있다.

Tips. 일정 짜기 팁

지옥 순례에 포함되는 온천은 총 7개. 그중에서 타츠마키 지고쿠, 치노이케 지고쿠는 나머지 지옥과 동떨어져 있다. 시내버스를 이용해 전체를 다 둘러본다면 3~4시간 정도 걸린다. 시간이 없다면 볼거리가 많은 우미 지고쿠, 카마도 지코쿠를 추천한다. 우미, 오니이시보즈, 카마도, 치노이케 4개의 지옥에는 족욕탕이 있으며, 수건은 유료로 판매하니 챙겨 가면 유용하다.

관광 안내소 大分県別府市駅前町12-13えきマチ1別府BIS南館内 JR 벳푸역 동쪽 출구에서 도보 1분 08:45~18:00 kyokai.beppu-navi.jp

Access

JR 하카타역 ··························▶ **JR 벳푸역**

오이타행 특급 소닉 열차 2시간~2시간 20분 소요 창구 발매 지정석 ¥6,470, 자유석 ¥5,940/온라인 예매 지정석과 자유석 ¥3,150/JR 큐슈레일패스 사용 가능

하카타 버스 터미널 ··························▶ **벳푸 키타하마 정류장**

니시테츠 버스의 토요노쿠니호 하카타 버스 터미널 3층 34번 승차장 2시간 40분 소요 편도 ¥3,250, 왕복 ¥5,760, 웹 회수권(2인 왕복 탑승 시 추천) ¥9,200/산큐패스 사용 가능

니시테츠텐진 고속버스 터미널 ··························▶ **벳푸 키타하마 정류장**

니시테츠 버스의 토요노쿠니호 니시테츠텐진 고속버스 터미널 5번 승차장 2시간 30분 소요 편도 ¥3,250, 왕복 ¥5,760, 웹 회수권(2인 왕복 탑승 시 추천) ¥9,200/산큐패스 사용 가능

후쿠오카 공항(국제선) ··························▶ **벳푸 키타하마 정류장**

니시테츠 버스의 토요노쿠니호 후쿠오카 공항 국제선 터미널 1층 2번 정류장 2시간 10분 소요 편도 ¥3,250, 왕복 ¥5,760, 웹 회수권(2인 왕복 탑승 시 추천) ¥9,200/산큐패스 사용 가능

유후인역 앞 버스센터 ··························▶ **JR 벳푸역**

36번 버스 1시간 소요 ¥1,100/산큐패스 사용 가능

Tips. 벳푸 이동 팁

· 오이타행 특급 소닉 열차는 1시간에 평균 2편 운행하고 보통 정각, 20분에 출발한다.
· 열차 예약이 필수는 아니다.
· JR 큐슈 홈페이지(train.yoyaku.jrkyushu.co.jp)에서 예약할 때 '큐슈넷토킷푸(九州ネットきっぷ)'를 선택하면 요금 할인을 받을 수 있다.
· 니시테츠 버스의 토요노쿠니호(とよのくに号)는 하카타 버스 터미널에서 출발해 니시테츠텐진 고속버스 터미널과 후쿠오카 공항을 거쳐 벳푸까지 가며 하루에 10편 운행한다.
· 버스 예약은 필수이고 일본 고속버스 예약 사이트(highwaybus.com)에서 탑승 한 달 전부터 가능하다.
· 벳푸 키타하마(別府北浜) 정류장은 JR 벳푸역에서 걸어서 10분 정도 걸리며 스타벅스 벳푸토키와점 바로 앞에 있다.

Transit Tips

주요 지옥과 JR 벳푸역 간 이동

❶ JR 벳푸역 → 우미지고쿠

JR 벳푸역 서쪽 출구 3번 정류장 ········▶ **우미지고쿠마에(海地獄前) 정류장**

1·2·5·7·41번 버스 · 20~25분 소요 · ¥390

❷ 사라이케 지고쿠 → 치노이케 지고쿠 → JR 벳푸역

시라이케 지고쿠 ········▶ **칸나와 2(鉄輪 2) 정류장**

도보 · 2분 소요

칸나와 2(鉄輪 2) 정류장 ········▶ **치노이케지고쿠마에(血の池地獄前) 정류장**

16·16A·29번 버스 · 6분 소요 · ¥220

치노이케지고쿠마에(血の池地獄前) 정류장 ········▶ **JR 벳푸역**

16·16A버스 · 30분 소요 · ¥460

❸ JR 벳푸역 → 5개 지옥

모여 있는 5개의 지옥(우미 지고쿠, 오니이시보즈 지고쿠, 카마도 지고쿠, 오니야마 지고쿠, 시라이케 지고쿠) 중 일부만 보고 JR 벳푸역으로 돌아갈 예정이라면?

칸나와 1(鉄輪 1) 정류장 ········▶ **JR 벳푸역**

5·7번 버스 · 16분 소요 · ¥390

Tips. 벳푸에서 사용 가능한 교통권

하루 동안 지옥 순례만 한다면 탈 때마다 요금을 내는 게 가장 저렴하고, 그 외의 이동이 있다면 시내버스 패스를 구매하는 게 이득이다. 산큐패스를 갖고 있다면 벳푸 시내버스를 무료로 탈 수 있다.

미니 프리 승차권 ミニフリー乗車券

1일권 일반 ¥1,100, 2일권 ¥1,700

Tips. 벳푸에서 입장권 어떻게 살까?

- **온천 5개 이상 방문할 경우 :** 각 지옥마다 입장권을 구매하는 것보다 공통권(2일간 각 지옥 1회 방문 가능)을 사는 것이 유리.

  공통권 고등학생 이상 ¥2,200, 초등 중학생 ¥1,000, 지옥 1개 입장권 ¥450

- **할인 혜택 :** JR 벳푸역 앞 관광 안내소에서 외국인 여행자에게 공통권을 ¥200 할인 판매. 여권 제시 필요.

Accommodation

벳푸 숙소

일본 최고의 온천 도시인 벳푸에는 온천 시설이 딸린 대형 리조트 호텔이 많다. 유후인보다 도시가 훨씬 크고 시내 전역에 숙소가 있어 선택지가 다양하다.

Tips. 숙소 선택 시 고려 사항

· 혼자 여행하는 사람은 유후인보다 벳푸가 숙소를 고르기가 훨씬 수월하다.
· 온천 호텔 내 대욕장 이용법은 당일치기 온천 이용법»p.32과 비슷하며, 가족탕 또는 온천탕이 딸린 객실은 예약이 빨리 마감되는 편이다.
· 숙소 위치에 따라 송영 서비스를 제공하는 곳도 있으니 확인 후 미리 신청하자.

벳푸 추천 숙소

상호	이동(JR 벳푸역 기준)	가격대
호시노 리조트 카이 벳푸	도보 10분	55만 원~
호텔 시라기쿠	도보 8분	30만 원~
스기노이 호텔	송영 서비스 있음. 차로 10분	25만 원~
시사이드 호텔 미마츠 오에테	도보 12분	18만 원~
아마넥 벳푸 유라레	도보 3분	13만 원~
슈퍼 호텔 벳푸 에키마에	도보 1분	11만 원~
니시테츠 리조트 인 벳푸	도보 10분	10만 원~
벳푸 다이이치 호텔	도보 2분	7만 원~

* 가격은 비수기 평일, 2인 기준 최저가

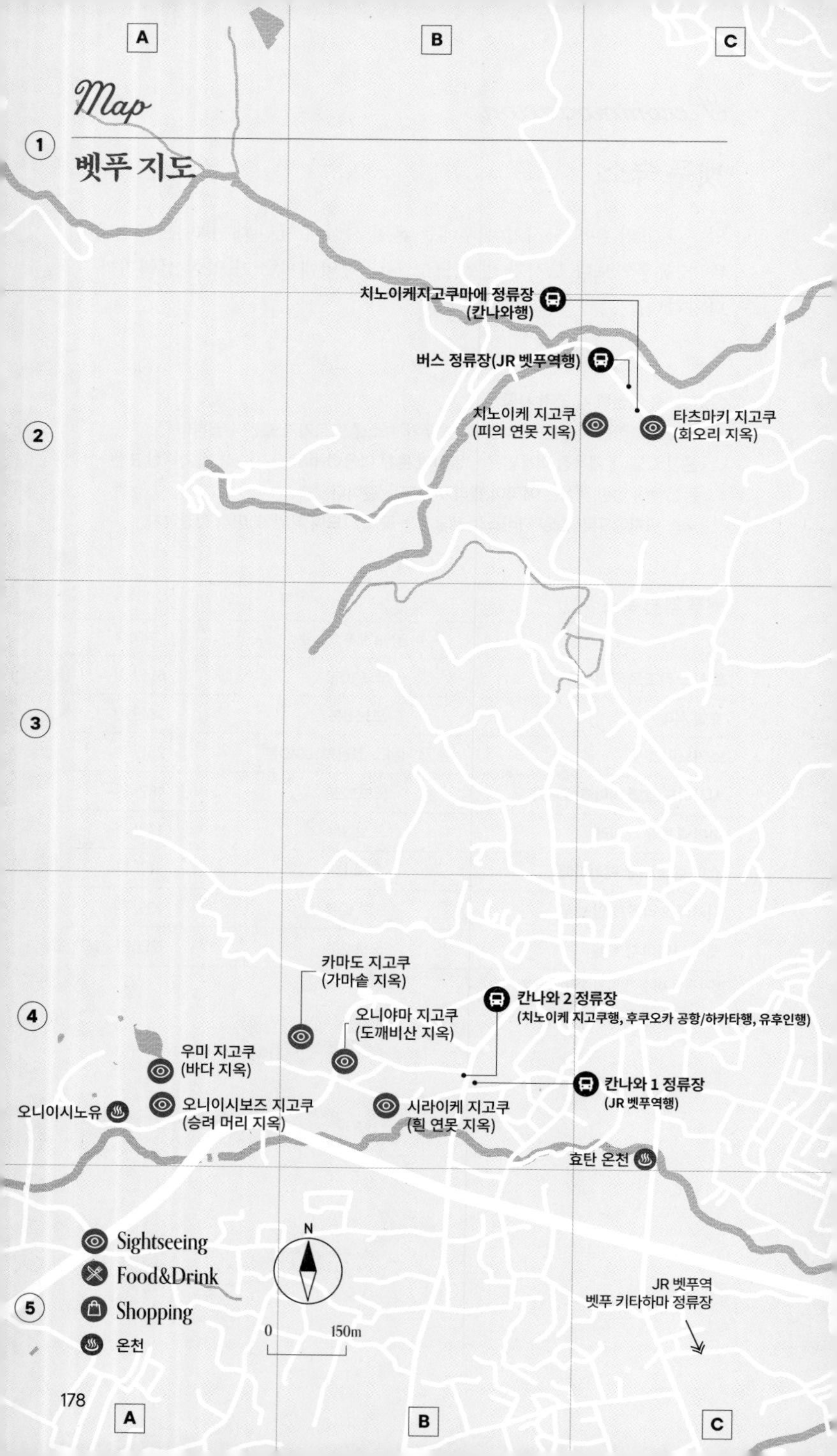
A
B
C
Map
벳푸 지도
1
2
3
4
5
치노이케지고쿠마에 정류장
(칸나와행)
버스 정류장(JR 벳푸역행)
치노이케 지고쿠
(피의 연못 지옥)
타츠마키 지고쿠
(회오리 지옥)
카마도 지고쿠
(가마솥 지옥)
칸나와 2 정류장
(치노이케 지고쿠행, 후쿠오카 공항/하카타행, 유후인행)
오니야마 지고쿠
(도깨비산 지옥)
우미 지고쿠
(바다 지옥)
칸나와 1 정류장
(JR 벳푸역행)
오니이시노유
오니이시보즈 지고쿠
(승려 머리 지옥)
시라이케 지고쿠
(흰 연못 지옥)
효탄 온천
N
Sightseeing
Food&Drink
Shopping
온천
0
150m
JR 벳푸역
벳푸 키타하마 정류장
A
B
C

벳푸 지옥 순례 別府地獄めぐり

인간이 감히 접근할 수 없었던 땅

천 년 전에도 칸나와(鉄輪)·카메가와(亀川) 일대는 뜨거운 물과 그로 인한 증기, 진흙 등이 솟아오르는 땅이었다. 사람들은 그 모든 것이 솟아나는 온천의 분출구를 '지옥'이라 불렀다. 온천이 휴양·관광 시설로 상업화되기 시작한 것은 메이지 시대에 이르러서다. 1928년 지옥 순례 관광버스가 등장하며 벳푸의 명소가 되었다.

🕓 08:00~17:00 ⊗ 무휴 🏷 공통권 고등학생 이상 ¥2,200, 초중학생 ¥1,000, 지옥 1개 입장권 ¥450 ➚ beppu-jigoku.com

출발지 벳푸역에서 **버스 25분**

우미 지고쿠(바다 지옥) 海地獄

지옥 물 색깔이 이렇게 예뻐?

7개의 지옥 중 가장 넓다. 이온음료를 풀어놓은 것 같은 푸른빛 온천은 약 1300년 전 화산 폭발로 인해 생겨났다. 기념품점이 상당히 넓은데 다양한 온천 관련 제품과 오이타현의 특산품이 있다. 매표소 옆 카페에서 온천 푸딩, 온천 달걀을 판매한다.

別府市大字鉄輪559-1 p.178-A4

우미 지고쿠에서 **도보 2분**

오니이시보즈 지고쿠(승려 머리 지옥) 鬼石坊主地獄

스님, 진정하세요~

진흙이 섞인 회색 온천이 끓어오르는 모습이 삭발한 승려의 머리를 닮았다 하여 붙은 이름이다. 족욕탕과 별도로 당일치기 온천 시설인 오니이시노유가 붙어 있다. 수건을 제공하지 않기 때문에 미리 준비하면 유용하다.

別府市大字鉄輪559-1 p.178-A4

🚶 오니이시보즈 지고쿠에서 **도보 5분**

카마도 지고쿠(가마솥 지옥) かまど地獄

온천 달걀에 라무네는 진리!

신사 행사 때 온천수와 함께 솟아나는 증기로 밥을 지은 데서 유래한 이름이다. 수증기가 솟아오르게 하는 퍼포먼스, 피부 보습에 좋은 증기를 쐬는 곳, 마시는 온천수 등 볼거리와 즐길 거리가 다양해 단체 여행객이 많이 찾는다. 검은 온천 달걀은 가마솥 지옥에서만 맛볼 수 있는 명물!

📍大分県別府市大字鉄輪621 p.178-B4

🚶 카마도 지고쿠에서 **도보 1분**

오니야마 지고쿠(도깨비산 지옥) 鬼山地獄

악어도 온천을 하나요?

1923년 일본 최초로 지열을 이용해 악어 사육을 시작했다. 주말 오전 10시에는 악어에게 먹이를 주는 모습을 볼 수 있다.

📍大分県別府市大字鉄輪625 p.178-B4

🚶 오니야마 지고쿠에서 **도보 2분**

시라이케 지고쿠(흰 연못 지옥) 白池地獄

열대어가 사는 온천

투명한 온천수가 연못 바닥에 떨어질 때 온도와 압력이 낮아지면서 창백한 색으로 바뀐다. 온천 외에 일본식 정원과 열대어 수족관도 볼거리.

📍大分県別府市鉄輪283-1 p.178-B4

🚶 시라이케 지고쿠에서 **버스 6분**

치노이케 지고쿠(피의 연못 지옥) 血の池地獄

일본에서 가장 오래된 천연 지옥

산화철과 산화마그네슘 성분이 풍부한 붉은 점토가 연못을 붉게 물들였다. 붉은 진흙으로 만든 연고는 피부 질환에 효능이 있다고 알려져 있다. 족욕탕이 있고, 내부 기념품점 규모가 크다.

📍 大分県別府市野田778 p.178-C2

🚶 치노이케 지고쿠에서 **도보 1분**, 종착지 벳푸역까지 **버스 30분**

타츠마키 지고쿠(회오리 지옥) 龍巻地獄

지옥 순례의 피날레가 솟아오른다!

30~40분 간격으로 솟아오르는 간헐천이 하이라이트. 기다리는 사람들을 위한 앉을 자리가 넉넉하다. 분출구 윗부분을 바위로 막아놓았는데, 바위가 없으면 30m 높이까지 물이 솟아오른다고 한다.

📍 大分県別府市野田782 p.178-C2

당일치기 추천 온천

스기노이 호텔 別府温泉 杉乃井ホテル

큰 규모, 훌륭한 전망

벳푸에서 가장 인기 있는 숙소. 새로 생긴 온천 소라유는 투숙객에게만 개방하지만 물놀이 시설인 아쿠아가든은 이용할 수 있다.

大分県別府市観海寺1 JR 벳푸역 서쪽 출구에서 셔틀버스 운행, 벳푸역 서쪽 출구 1번 정류장에서 36번 버스를 타고 레이센지(霊泉寺) 정류장에서 하차 후 도보 11분 09:00~23:00(입장 마감 22:00) 부정기 중학생 이상 ¥1,900~2,900, 3세 이상 ¥1,400~2,000 suginoi.orixhotelsandresorts.com/dayplan

오니이시노유 鬼石の湯

지옥 순례길 인기 당일 온천

지옥 순례 중에 편하게 이용할 수 있는 당일치기 온천 시설이다. 1층 휴게 공간에서 간단한 요깃거리를 판매한다.

大分県別府市鉄輪559-1
오니이시보즈 지고쿠와 동일
10:00~22:00 화요일, 매월 1일
중학생 이상 ¥620, 초등학생 ¥300, 미취학 아동 ¥200, 가족탕 ¥2,000(4명, 1시간), 수건 대여 ¥150, 구매 ¥200
oniishi.com/oniishi-no-yu
p.178-A4

효탄 온천 ひょうたん温泉

100년 전통 미쉐린 가이드 3스타

온천 외에 사우나, 모래찜질 등 다양한 시설을 즐길 수 있고 내부에 음식점, 휴게실 등이 잘 갖춰져 있다.

大分県別府市鉄輪159-2 JR 벳푸역 서쪽 출구 3번 정류장에서 5·7·41번 버스를 타고 칸나와 정류장에서 하차 후 도보 6분. 시라이케 지고쿠에서 도보 11분 09:00~01:00(입장 마감 24:00) 연중무휴 13세 이상 ¥1,020, 7~12세 ¥400, 4~6세 ¥280, 가족탕(3명, 60분) ¥2,400, 수건 포함 어메니티 요금 ¥760 hyotan-onsen.com p.178-C4

Day Trip 04

옛 항구로 떠나는 시간 여행 모지코

門司港

Intro & Access

모지코로의 여행

하카타에서 열차로 2시간 남짓 달려가면 1km가 채 되지 않는 좁은 해협을 사이에 두고 혼슈 지방과 마주한 항구 도시 모지코에 닿는다. 열차가 멈추고 승강장에 발을 딛는 순간, 온 세상이 20세기 초로 돌아가고 사진 속에서 튀어나온 것 같은 오래된 건물이 말을 걸어온다. 아름다운 풍광과 시간마저 숨을 고르는 도시, 모지코라면 잠시 현재를 떠날 수 있을지 모른다.

Tips. 일정 짜기 팁

모지코의 명소는 전부 걸어서 둘러볼 수 있으며 하카타에서 오후에 출발해도 당일치기가 가능하다. 칸몬 해협 건너 시모노세키까지 포함해 당일치기로 둘러보려면 하카타에서 오전에 출발하는 걸 추천한다. 모지코와 시모노세키를 오갈 땐 소요시간, 비용, 날씨 등을 고려해 이동 방법을 결정하자.

관광 안내소 福岡県北九州市門司区西海岸1-5-31 JR 모지코역 1층 09:00~18:00
www.gururich-kitaq.com

Access

JR 하카타역 ▶ JR 모지코역

가고시마 본선 열차 1시간 30분~2시간 소요 ¥1,500

JR 하카타역 ▶ JR 고쿠라역 ▶ JR 모지코역

가고시마 본선 열차 총 1시간 30분~2시간 소요 ¥1,500

모지항(모지코) ▶ 카라토 부두(시모노세키)

칸몬 연락선 5분 중학생 이상 ¥400, 초등학생 이상 ¥200

Tips. 모지코 이동 팁

· 하카타역에서 모지코로 바로 가는 열차는 1시간에 한두 대 정도 운행한다.
· 직행 열차를 오래 기다려야 한다면 하카타역에서 고쿠라역까지 가는 열차를 타자. 갈아탈 때는 개찰구 밖으로 나갈 필요 없이 승강장만 이동해 탑승한다.
· 고쿠라역에서 모지코역으로 가는 열차는 10~15분 간격으로 운행하며 모지코역까지 15분 정도 소요된다.
· 모지코에서 시모노세키로 이동하는 또 하나의 방법은 해저 터널인 칸몬 터널(06:00~22:00)을 걷는 것이다. 다만 모지코 레트로에서 터널 입구까지 걸어서 30분 정도 걸리기 때문에 관광열차 시오카제호(潮風号)를 타고 이동하는 걸 추천한다. 터널의 길이는 약 780m이다.

Tips. 모지코의 관광열차, 시오카제호

모지코역 근처에 위치한 큐슈 철도 박물관에서 출발해 모지코 레트로 전망대 근처의 이데미츠비주츠칸역(出光美術館), 노포크히로바역(ノーフォーク広場)을 지나 칸몬 터널 입구에서 도보 5분 거리에 위치한 칸몬카이쿄메카리역(関門海峡めかり)까지 간다. 주말, 공휴일에만 운행하며 자세한 운행 일시는 홈페이지에서 확인 가능하다.

¥300 retro-line.net

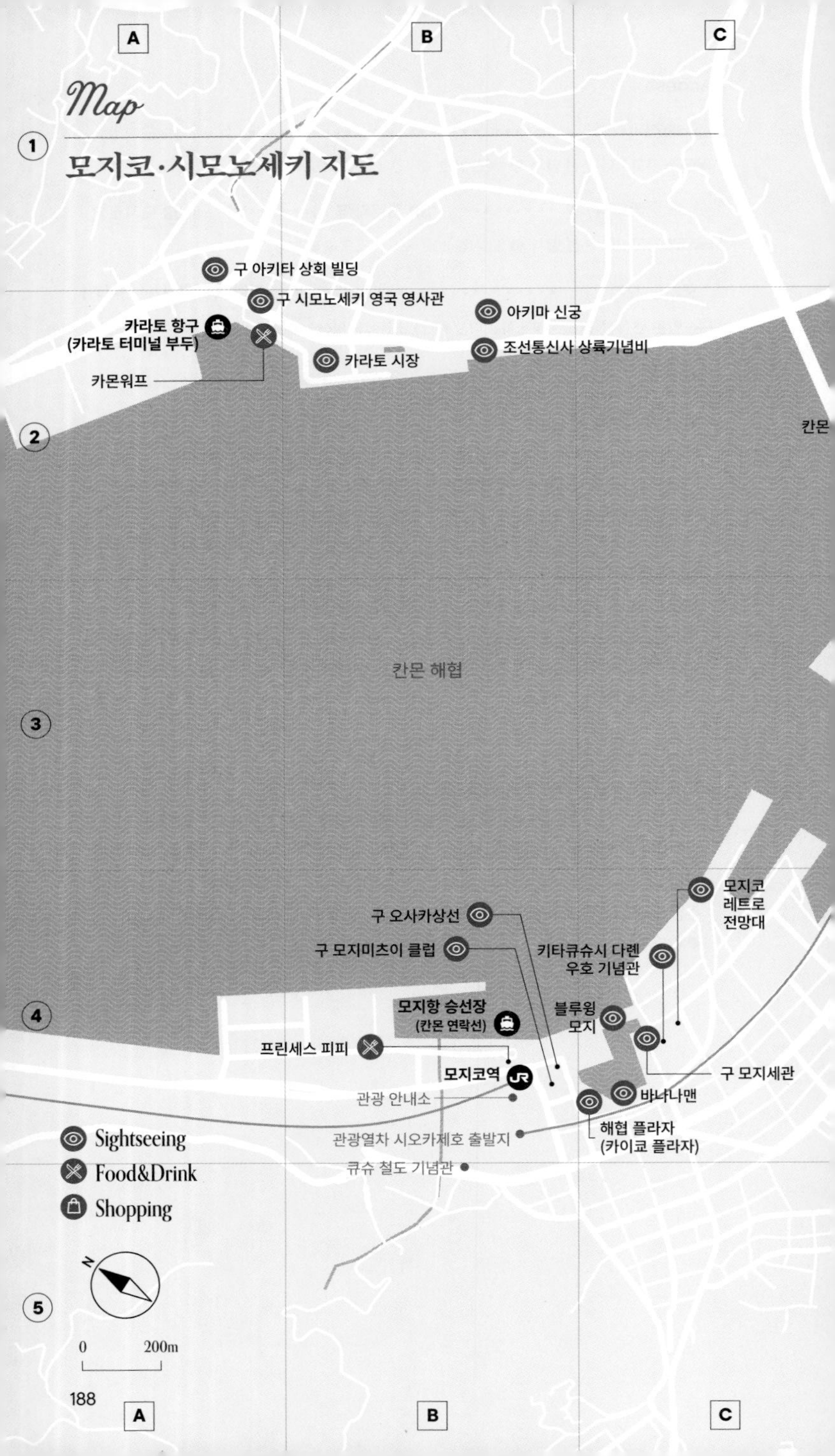

A
B
C
Map
모지코·시모노세키 지도
1
2
3
4
5
구 아키타 상회 빌딩
구 시모노세키 영국 영사관
아키마 신궁
카라토 항구
(카라토 터미널 부두)
카라토 시장
조선통신사 상륙기념비
카몬워프
칸몬
칸몬 해협
모지코
레트로
전망대
구 오사카상선
구 모지미츠이 클럽
키타큐슈시 다롄
우호 기념관
모지항 승선장
(칸몬 연락선)
블루윙
모지
프린세스 피피
구 모지세관
모지코역
관광 안내소
바나나맨
해협 플라자
(카이쿄 플라자)
관광열차 시오카제호 출발지
큐슈 철도 기념관
Sightseeing
Food&Drink
Shopping
0
200m

모지코 레트로 門司港レトロ

당일치기 시간 여행

모지항은 19세기 말 메이지 시대부터 20세기 초에 걸쳐 국제 무역의 거점으로 번성했다. 당시에 건설된 중후한 역사적 건축물이 거리 곳곳에 남아 있고, 해협 플라자나 전망대 같은 현대 건축물과도 잘 어우러진다. 모지코 레트로 지구의 명소는 모두 모지코역에서 걸어서 갈 수 있고 천천히 둘러봐도 서너 시간이면 충분해 후쿠오카에서 당일치기로 다녀오기 좋다. 금·토·일요일에만 문을 여는 시모노세키의 카라토 스시 시장(모지항 승선장에서 페리로 5분)과 함께 일정을 짜도 좋다. 봄에는 벚꽃 축제가 열리는 고쿠라성과 함께 둘러보기도 좋다.

mojiko.info

모지코역 門司港駅

문화재가 된 역사

네오 르네상스 양식의 2층짜리 목조 건물로, 현재의 역사가 완공된 것은 1914년이다. 1988년에 철도역사 최초로 국가중요문화재가 되었다. 노후화한 건물을 수리하고 내진 보강을 위해 6년간의 공사 끝에 2019년에 초창기 모습을 되찾았다.

福岡県北九州市門司区西海岸1-5-31 창구 07:30~19:00, 스타벅스 08:00~21:00 p.188-B4

모지코역에서 **도보 2분**

구 모지미츠이 클럽 旧門司三井倶楽部

아인슈타인도 묵어간 핫플!

1921년 일본의 5대 종합 상사인 미츠이 물산의 사교클럽 용도로 지은 이곳은 현재 국가중요문화재로 지정되었다. 2층의 '아인슈타인 메모리얼 룸'은 아인슈타인이 이곳에 묵은 당시의 모습 그대로 재현해놓았다.

北九州市門司区港町7-1 09:00~17:00 무휴 2층 전시실 고등학생 이상 ¥150, 초중학생 ¥70 p.188-B4

구 모지미츠이 클럽에서 **도보 1분**

구 오사카상선 旧大阪商船

모지항의 번성을 보여주는 건물

주황색 외벽과 팔각형 탑이 눈에 띄는 건물로, 1917년에 지었다. 대합실로 사용했던 1층에는 현재 키타큐슈 출신 만화가 와타세 세이조(わたせせいぞう)의 갤러리가 있다.

北九州市門司区港町7-18 09:00~17:00 무휴 갤러리 고등학생 이상 ¥150, 초중학생 ¥70 p.188-B4

구 오사카상선에서 **도보 3분**

해협 플라자(카이쿄 플라자) 海峡プラザ

레트로 분위기를 따라 항만 산책

음식점, 기념품점이 모인 2층 규모의 상업 시설이다. 주황, 파랑, 하양이 어우러진 외관이 모지코 레트로의 오래된 건물들과 위화감 없이 잘 어울린다. 서관 앞에 유람선 매표소가 있다.

福岡県北九州市門司区港町5-1 상점 10:00~20:00, 음식점 11:00~22:00 부정기 kaikyo-plaza.com p.188-C4

해협 플라자 바로 앞

바나나맨 バナナマン像

모지코 최고의 '인싸' 친구들

해협 플라자 앞에 서 있는 모지코의 명물. 모지코는 가까운 바나나 산지 대만에서 바나나를 대량 수입해 하역한 일본 최초의 항구였고 지금도 바나나를 재료로 만든 군것질거리와 기념품이 유독 많다.

p.188-C4

바나나맨에서 **도보 3분**

구 모지세관 旧門司税関

높은 층고, 한적하고 시원한 공간

1912년에 지은 건물을 1994년에 복원했다. 카페, 휴게실, 전시실 등이 있고, 3층에 전망실이 있는데 시야가 그다지 넓지 않다. 세관 건물을 바라보고 오른쪽 공터에 모지코 알파벳 조형물이 있다.

北九州市門司区東港町1-24 09:00~17:00 무휴 무료 p.188-C4

🚶 구 모지세관에서 **도보 1분**

키타큐슈시 다렌 우호 기념관

北九州市大連友好記念館

동화 속 성처럼 예쁜 포토 스폿

키타큐슈시와 중국 다렌시의 우호조약 체결 15주년을 기념해 다렌시의 동청철도기선 사무소를 그대로 복제해 건축했다. 1층은 음식점, 2층은 누구나 쉬어갈 수 있는 휴게 공간이다.

北九州市門司区東港町1-12 09:00~17:00 무휴 무료
p.188-C4

🚶 키타큐슈시 다렌 우호 기념관에서 **도보 1분**

모지코 레트로 전망대 門司港レトロ展望室

103m 높이에서 모지코를 한눈에!

1층 입구에서 전용 엘리베이터를 타고 31층 전망실까지 바로 올라간다. 주위에 높은 건물이 없어 모지코 레트로, 큐슈와 혼슈를 잇는 다리인 칸몬교(関門橋), 칸몬 해협 너머의 시모노세키까지 한눈에 들어온다. 일몰 때는 모지코 레트로를 배경으로 해가 넘어가는 모습을 볼 수 있다. 내부 카페에서 모지코 사이다, 지역 맥주 등을 판매한다.

北九州市門司区東港町1-32 10:00~22:00(입장 마감 21:30) 부정기 일반 ¥300, 초중고생 ¥150 p.188-C4

🚶 모지코 레트로 전망대에서 **도보 1분**

블루윙 모지 ブルー ウィングもじ

다리가 열리고 닫히는 데 20분!

일본에서 유일한 보행자 전용 도개교. 선박의 통행을 위해 하루에 6회 정해진 시각(10:00, 11:00, 13:00, 14:00, 15:00, 16:00)에 다리를 양옆으로 들어 올린다.

📍北九州市門司区港町4-1 🗺p.188-C4

🚶 블루윙 모지에서 **도보 5분**, 종착지 모지코역까지 **도보 2분**

프린세스 피피 プリンセスピピ

이름처럼 귀여운 외관의 카레 전문점

모지코의 명물인 오븐에 구운 카레(야키 카레) 전문점. 우선 매장 앞에 놓인 대기 명단에 이름을 쓰고 기다리자. 한국어 메뉴판이 있고, 태블릿 피시로 주문한다. 인기 메뉴는 명란이 들어간 야키 카레. 독특한 풍미의 바나나 맥주도 인기가 많다.

📍福岡県北九州市門司区西海岸1-4-7 🕐평일 11:00~14:30, 17:00~20:00, 주말 11:00~20:00
✖월·화요일 저녁 🏷명란 야키 카레 ¥1,000, 소고기 야키 카레 ¥1,500, 바나나 맥주 ¥600~
➚pppphiphi.thebase.in 🗺p.188-B4

Part 04

우리들의 여행 준비

Guide 01

차근차근 하나씩, 후쿠오카 여행 준비

01 여권 발급

02 항공권·승선권 구입

03 숙소 예약

04 해외 데이터 구매

05 여행자 보험 가입

06 환전·카드 준비

07 일본 입국 준비 : 비지트 재팬 웹 사용법

08 짐 싸기

01 여권 발급

여행을 준비할 때 가장 먼저 확인해야 하는 사항이다. 우리나라는 일 처리가 비교적 빨라 여행 비수기엔 3~4일이면 발급 받을 수 있지만 성수기엔 영업일 기준 최대 일주일까지 걸릴 수 있다.

· 외교부 여권 안내 홈페이지 www.passport.go.kr

일본 입국 관련하여

일본은 입국에 필요한 여권의 잔존 유효기간을 별도로 정하고 있지 않다. 그러나 일본에 입국할 때 체류 예정 기간보다 유효기간이 더 많이 남은 여권으로 입국하기를 권장한다. 또한 한국인 관광객은 최대 90일까지 무비자로 일본에 체류할 수 있다.

여권 발급 신청 접수처

서울은 구청, 시군구 도청의 여권 민원실, 전자여권 재발급의 경우 정부24 홈페이지에서 신청 가능.

여권 신청 방법

만 18세 이상 대한민국 국적 보유자는 반드시 본인이 직접 방문해서 여권을 신청해야 한다.

기본 구비 서류

여권 발급 신청서(접수처에 방문해서 작성), 신분증, 여권용 사진 1매(6개월 이내 촬영, 가로 3.5X세로 4.5cm), 18세 이상 37세 이하 남자인 경우 병역 관계 서류.

발급 여권 및 수수료

구분	유효기간	사증 면수	발급 비용
복수 여권	10년	58면	5만 원
		26면	4만 7000원
단수 여권	1년 이내	-	1만 5000원

02 항공권·승선권 구입

항공권 가격은 항공사, 여행 시기, 부가 서비스 이용 여부, 예약처 등에 따라 천차만별이다. 우리나라(인천, 부산, 대구, 청주)와 후쿠오카를 오가는 노선은 비행시간이 짧아 일본 다른 도시를 오가는 노선의 항공권보다 가격이 저렴한 편이다.

항공권 예약 팁

① **항공사의 공식 홈페이지 추천** : 예약 대행 수수료(약 1만~2만 원)를 절약할 수 있고, 대행사가 갑자기 부도가 나는 등의 예상치 못한 상황을 피할 수 있다.

② **항공사의 프로모션 공략** : 항공권을 가장 저렴하게 구매하는 방법. 다만 프로모션 항공권은 위탁 수하물이 포함되어 있지 않거나 연휴, 주말엔 이용할 수 없는 경우가 많다. 예약 변경이나 환불이 불가능할 수도 있으니 예약 전 꼼꼼히 따져보자.

③ **프로모션 안내** : 항공사의 SNS에 가장 빠르게 업데이트된다.

④ **비수기에는 땡처리 항공권 공략** : 일본행 항공편의 운항 횟수가 늘어나면서 '땡처리 항공권'이 나온다. 특히 비수기에 구하기 쉽다.

⑤ **항공권 가격 비교** : 여러 예매처의 항공권 가격 비교는 스카이스캐너, 네이버 항공권 웹사이트를 이용.

⑥ **출발·도착 시간** : 무조건 한국에서 아침 일찍 출발하고 후쿠오카에서 저녁 늦게 출발하는 게 이득은 아니다. 집과 공항까지의 이동수단과 소요시간을 고려하자.

배 타고 후쿠오카 가기

부산에서는 배를 타고 후쿠오카에 갈 수 있다. 고려훼리의 '뉴카멜리아호', JR 큐슈고속선의 '퀸 비틀'이 부산항-후쿠오카항 노선을 운항한다.

03 | 숙소 예약

후쿠오카뿐만 아니라 일본 전국적으로 팬데믹 이전보다 숙박비가 비싸졌다. 숙소를 예약할 땐 일본, 중국의 연휴까지 고려해야 저렴하게 예약할 수 있다. 금·토요일 숙박비가 상대적으로 비싸고 특히 콘서트, 박람회 등의 행사가 있는 시기엔 평소보다 5배 이상 숙박비가 오르기도 한다.

숙소 예약 팁

① **무료 취소 옵션 선택 :** 여행이 취소되거나 일정이 변경되었을 때, 더 마음에 드는 숙소를 찾았을 때를 대비하자. '무료 취소' 옵션이라도 숙소에 따라 수수료 없이 취소 가능한 일시가 다르기도 하다.

② **숙소 검색 내역 삭제 :** 특정 예약처에 로그인을 한 상태에서 같은 기기로 숙소 검색을 자주 하면 한정된 정보만 제공하기도 한다. 주기적으로 브라우저의 방문 기록, 인터넷 사용 기록을 삭제하자.

구글 지도로 숙박비 비교

① **'후쿠오카 호텔' 검색 :** 구글 지도 검색란에 'fukuoka hotel' 입력.

② **원하는 위치의 숙소 파악 :** 지도 화면을 확대해서 원하는 위치의 호텔 목록 파악.

③ **요금 한도 설정 :** 1박 요금의 상한선을 설정할 수 있고 평점 순으로 정렬 가능.

④ **예약처별 숙박비 비교 :** 특정 숙소를 클릭, '예약 가능 여부 확인' 선택.

⑤ **숙소 예약 :** 원하는 예약 대행 사이트를 선택하면 홈페이지 또는 애플리케이션으로 연동, 예약 진행.

숙박세

숙소에 지불하는 요금 외에 지방자치단체에 별도로 지불하는 숙박세가 있다. 숙박세는 한 사람이 1박을 할 때마다 지불한다. 유후인시, 벳푸시에서는 온천이 딸린 숙소에 한해서 징수한다.

주요 도시별 1박당 숙박세

도시	1박 요금	숙박세(1인 기준)
후쿠오카	¥20,000 이상	¥500
	¥20,000 미만	¥200
유후인	¥4,000 이상	¥250
	¥4,000 미만	¥100
벳푸	요금과 숙박일수에 따라 1박 1인당 ¥25~500 징수.	

* 후쿠오카 숙박세 계산의 예 : 인원 1인, 3일 숙박, 1박 요금 ¥5,000일 경우 1*3*¥200 = 총 숙박세

04 해외 데이터 구매

속도는 우리나라보다 느리지만 호텔, 음식점, 백화점, 쇼핑몰 등에서는 무료 와이파이를 이용할 수 있다. 해외 데이터를 이용하는 방법은 로밍, 포켓 와이파이 대여, 유심·이심 교체 등이 있다.

한눈에 보는 해외 데이터 서비스

종류	장점	단점	이런 사람에게 추천!
데이터 로밍	· 사용하는 통신사의 고객센터, 애플리케이션 등으로 손쉽게 신청 · 별도의 절차 없이 현지에서 바로 이용 가능	· 상대적으로 비싼 요금 · 여러 명이 동시 사용 불가능	· 업무 등의 이유로 전화 통화가 잦은 사람
포켓 와이파이	· 포켓 와이파이 한 대로 여러 명이 동시에 인터넷 사용 가능 · 노트북, 태블릿 피시로도 와이파이 신호를 잡아 사용 가능 · 데이터 로밍보다 저렴	· 유심·이심 교체보다 비쌈 · 출국 최소 3일 전 신청해야 설정한 배송지나 공항에서 수령 가능 · 전원이 꺼지면 인터넷을 사용할 수 없기 때문에 보조 배터리 준비 필수 · 기기 분실 우려	· 가족 여행자 · 휴대폰 이외의 기기를 동시에 사용해야 하는 사람
유심 USIM	· 비용 면에서 저렴 · 일본 현지에서도 구매 가능(우리나라에서 구매하는 것이 훨씬 저렴)	· 기존 한국 유심 분실 우려 · 일본에 도착해서 유심 칩 교체한 후 설정 변경 필요	· 여행 기간이 긴 사람 · 기기 사용에 능숙한 사람
이심 eSIM	· 유심 칩은 그대로 두고 구매처의 QR코드를 인식해 설치 · 출발 당일이나 현지에서 구매 가능 · 가격은 유심 칩과 비슷하거나 조금 더 저렴	· 사용 가능한 단말기 기종이 제한적 · 일본 도착 후 설치할 경우 와이파이 가능한 곳을 찾아야 함	· 여행 기간이 긴 사람 · 기기 사용에 능숙한 사람

Tips. 해외 데이터 서비스 판매처

· 포켓 와이파이 : 와이파이 도시락

· 이심·유심 : 로밍도깨비, 말톡, 유심사, 이심이지

05 여행자 보험 가입

해외여행을 떠날 때 여행자 보험 가입은 선택이 아닌 필수다! 여행자 보험은 여행 중 도난, 분실, 질병, 상해 사고 등을 보상해주는 1회성 보험이다.

Tips. 여행자 보험 가입처
삼성화재 direct.samsungfire.com
동부화재 directdb.co.kr
마이뱅크 mibankins.com/travel
트래블로버 www.travelover.co.kr

여행자 보험 가입 팁

① **가입처** : 보험사의 홈페이지, 애플리케이션을 이용해 손쉽게 보험료를 알아보고 가입할 수 있다. 공항에서도 가입 가능.
② **출국 전 가입 필수** : 이미 출국한 상태에서는 가입 불가능.
③ **여행 일시 선택 팁** : 출국일은 집에서 나가는 시간, 귀국일은 집에 도착하는 시간을 기준으로 넉넉하게 입력한다. 보통 출국일은 00시, 입국일은 23시 선택.
④ **보험 종류** : 보상 조건과 한도액에 따라 실속, 표준, 고급 등 3가지 플랜 선택 가능.
⑤ **피해 보상 범위** : 감염병, 자연재해로 인한 피해를 보상해주는 보험사는 많지 않다. 관련 내용이 특약에 포함된 경우도 있으니 꼼꼼히 살펴볼 것.
⑥ **보상 신청 서류** : 현지 경찰서에서 받은 도난 확인서(폴리스 리포트), 병원 영수증, 약제비 영수증, 처방전 등 피해를 증명할 수 있는 서류.

06 환전·카드 준비

팬데믹 이전에는 신용 카드 결제가 불가능한 곳이 많았지만 팬데믹을 겪으며 일본에서도 비접촉, 비대면 결제가 일반화되었다.

❶ 트래블 카드

일본을 방문하는 여행자가 가장 많이 사용하는 트래블 카드는 트래블월렛(TravelWallet)과 트래블로그(travlog). 최근에는 쏠트래블 체크카드와 토스뱅크 체크카드 사용자도 점점 늘고 있다.

트래블 카드 특징

① **카드 특징** : 외화를 연동 계좌에 미리 충전해둔 후 결제하는 선불 충전식 결제 수단. 최대 충전 한도, 최대 결제 한도가 정해져 있다.
② **장점** : 가장 큰 장점은 수수료 없이 해외에서 결제할 수 있다는 점. 애플리케이션으로 결제 내역 확인, 분실 신고 가능.
③ **발급 기간** : 발급은 어렵지 않지만 실물 카드 수령일을 고려해야 한다. 발급 신청 후 수령까지 최대 5~7일 소요.

트래블 카드 비교 : 트래블월렛 VS 트래블로그

구분	트래블월렛 체크카드(비자)	트래블로그 체크카드(마스터)
환전 수수료	없음	
해외 결제 수수료	없음	
일본 내 수수료 없는 ATM	이온뱅크 ATM · 편의점 미니스톱, 이온뱅크, 이온 슈퍼에 위치 · 세븐뱅크 ATM보다 찾기 어려움	세븐뱅크 ATM · 편의점 세븐일레븐 내에 위치
연결 계좌	시중 은행, 증권사 계좌	하나머니(하나은행, 하나증권 등)
홈페이지	www.travel-wallet.com	www.hanacard.co.kr
추천	하나은행 계좌 만들기가 번거롭고 현금 인출보다는 카드 결제 위주로 사용할 예정인 사람	하나은행 계좌가 있거나 개설할 예정이며, 카드 결제와 현금 인출을 자주 사용할 예정인 사람

❷ 네이버페이·카카오페이

환전할 필요도, 카드를 발급 받을 필요도, 새로운 애플리케이션을 사용할 필요도 없다. 한국에서 네이버페이와 카카오페이를 사용하면 일본에서도 바로 이용할 수 있다. 대신 두 페이와 연동된 계좌에 잔액이 있어야 한다.

네이버페이·카카오페이 사용법

구분	네이버페이	카카오페이
사용처	유니온페이, 알리페이 플러스 가맹점	알리페이 플러스 가맹점
결제 방법	네이버 애플리케이션 내 'Pay' 항목 선택 → 카테고리 터치, '현장 결제하기' 선택 → 현지에서 QR코드를 보여주고 스캔하면 결제 완료	카카오톡 애플리케이션의 'pay' 항목 내 '결제' 선택 → 화면 상단 우측의 지구본 터치, '국가/지역 선택'에서 '일본'을 선택하고 비밀번호 입력 → 현지에서 매장 직원에게 바코드나 QR코드를 보여주고 스캔
기타	현장 결제 서비스 이용 전에 기기 등록이 필요한데, 보안문자를 입력해야 하므로 국내에서 미리 처리한다.	세븐뱅크 ATM에서 수수료 없이 현금 인출이 가능하다. 하나은행 계좌 외에 다른 은행 계좌와 연동된 경우, 한국에서 미리 인증을 해두어야 한다.

❸ 현금

신용 카드, 트래블 카드 등 일본 여행에서 사용할 수 있는 결제 수단은 다양해졌지만 나카스 포장마차나 일부 가게에선 아직도 현금 결제만 가능하다. 이 책에 소개한 미식 스폿의 요금 정보에서 현금 결제 여부를 확인하고 필요한 만큼 환전해두자.

07 | 일본 입국 준비 : 비지트 재팬 웹 사용법

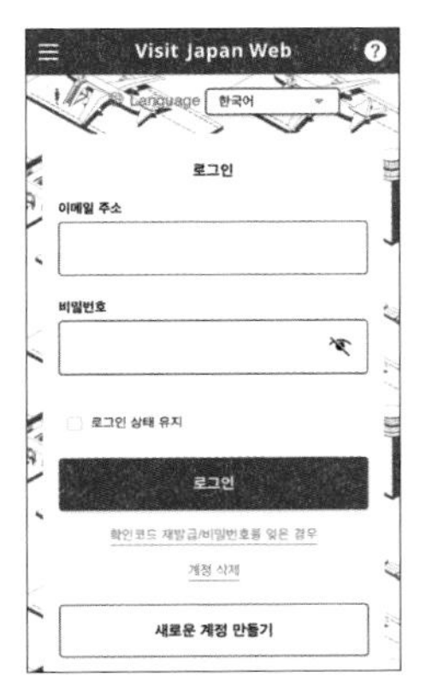

Step 01 회원 가입

비지트 재팬 홈페이지에 접속한다.

services.digital.go.jp/ko/visit-japan-web

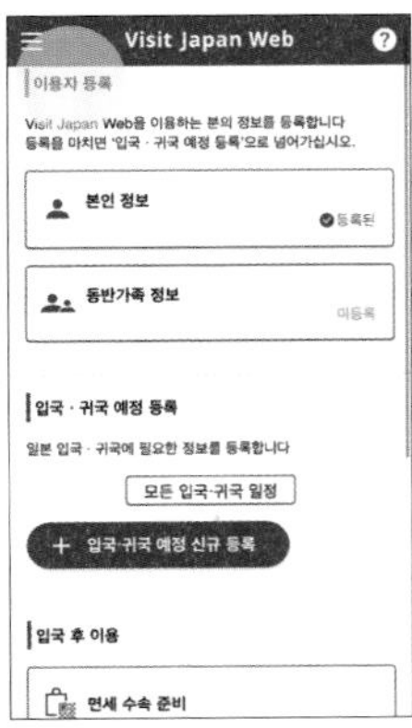

Step 02 이용자 등록

여권 유효기간이 6개월 미만인 경우 기간에 따라 경고 메시지가 표시된다. 이용자 정보는 영어로 기입하며 등록한 정보는 수정 가능하다.

필수 입력 사항

여권 번호, 성, 이름, 국적, 생년월일, 여권 유효기간 만료일, 직업, 현 주소(국가, 도시)

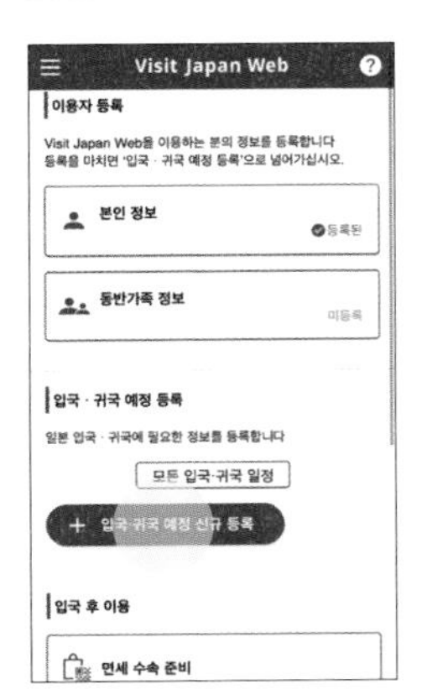

Step 03 입국·귀국 예정 등록

이용자 등록을 마친 상태에서 로그인을 하면 다음과 같은 화면을 볼 수 있다. 일본 입국 수속에 필요한 정보를 등록하고 싶다면 '+입국·귀국 예정 신규' 등록을 선택한다.

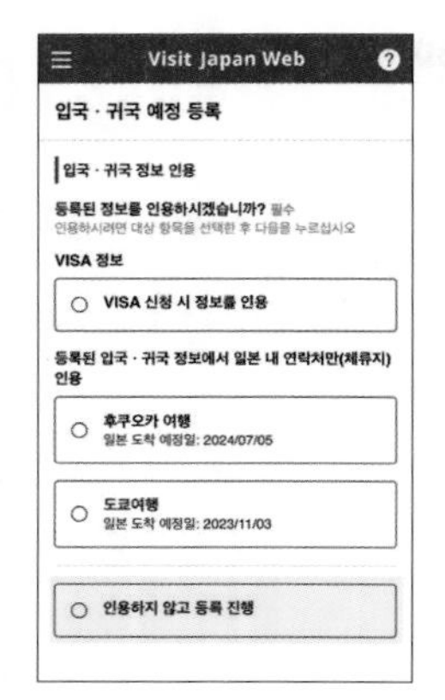

Step 04 입국·귀국 정보 인용

기존에 등록한 내용이 있으면 표시된다. 새로운 일정을 등록하려면 '인용하지 않고 등록 진행'을 선택한다.

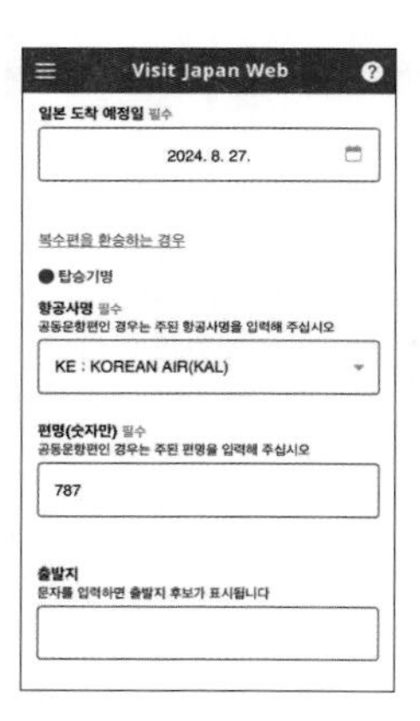

Step 05 입국·귀국 예정 등록: 항공편과 체류지

먼저 일본 도착 예정일과 교통편 정보(항공사명, 편명)를 입력한 후 '다음'을 선택한다.

일본 내 체류 정보, 즉 호텔 이름과 주소, 전화번호를 입력한다. 여러 곳의 호텔에 숙박하는 경우 그중 한 곳의 정보만 입력하면 된다. 에어비앤비, 지인의 집 등에 숙박하는 경우 정확한 주소와 전화번호를 확인해 입력한다.

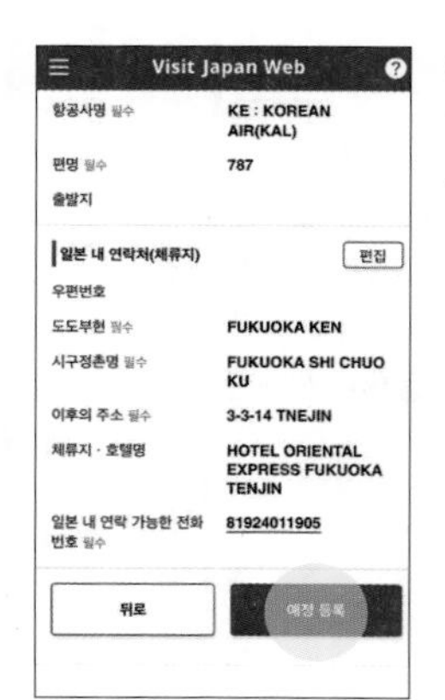

Step 06 입국·귀국 예정 등록: 등록 완료

입력한 내용을 확인한 후 '예정 등록'을 선택하면 등록이 완료된다.

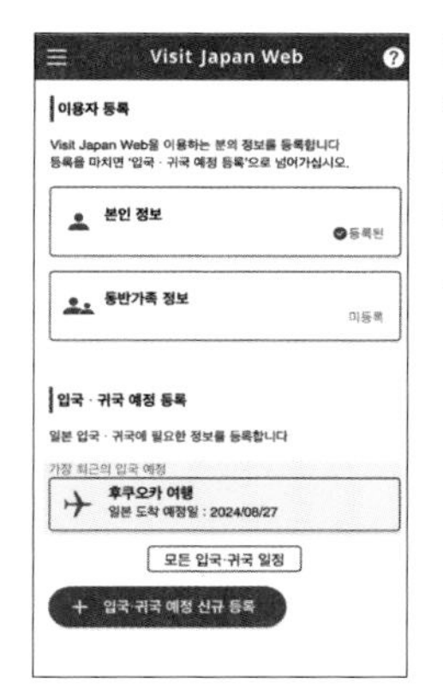

Step 07 등록 내용 페이지

첫 번째 페이지로 돌아가면 '입국·귀국 예정 등록' 항목에 '새로운 여정'이 등록되었음을 확인할 수 있다. 세관 신고 정보를 등록하려면 새로운 여정을 선택한다.

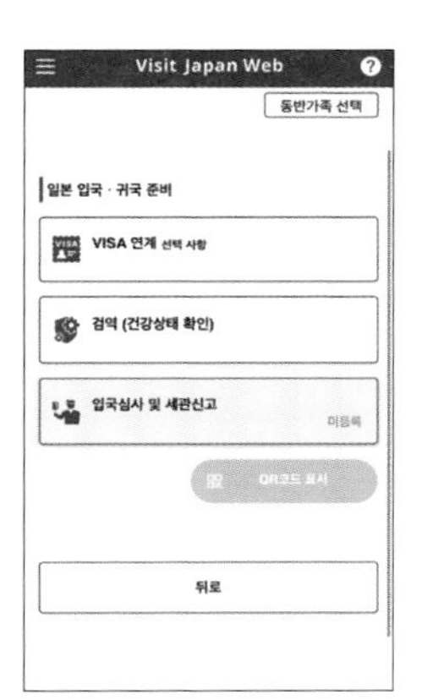

Step 08 입국 심사 및 세관 신고

'일본 입국·귀국 준비' 항목에서 '입국 심사 및 세관 신고'를 선택한다.

'다음'을 선택하면 기본 정보를 등록하는 페이지로 넘어간다. 이용자 등록할 때 입력한 신상 정보와 입국·귀국 예정 등록할 때 입력한 내용이 자동으로 표시된다.

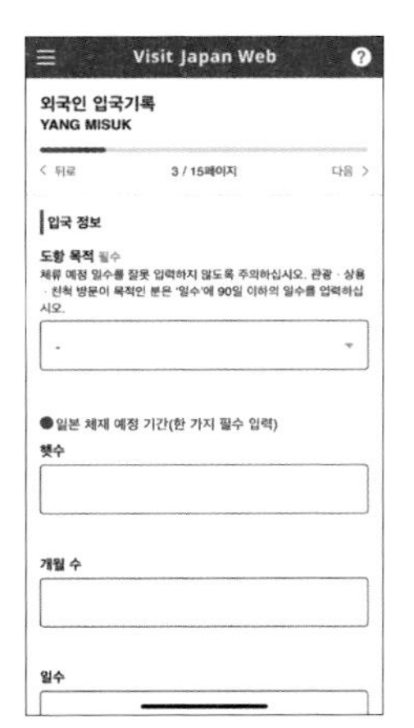

Step 09 외국인 입국 기록: 입국 정보와 문제 사항

여행 목적은 '관광'을 선택하고 총 머무는 일수를 입력한다.

일본 입국과 관련하여 문제가 되는 사항에 대해 답변한다.

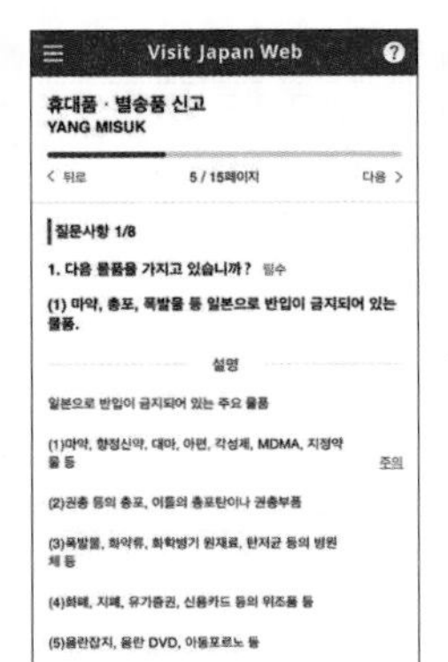

Step 10 휴대품·별송품 신고

반입 물품에 대한 내용을 확인하고 입력한다.

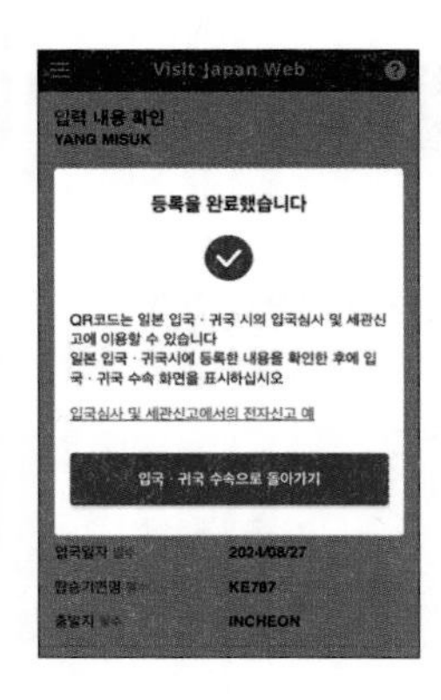

Step 11 입력 내용 확인

입력한 내용을 확인하고 '등록'을 누르면 등록이 완료됐다는 안내가 뜬다.

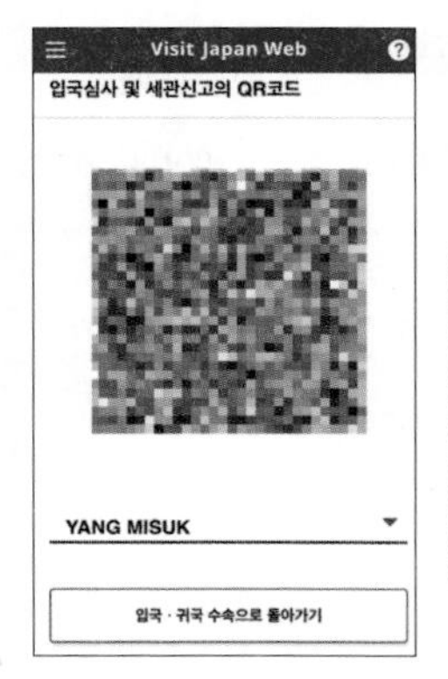

Step 12 QR코드 확인

입국 심사와 세관 신고의 QR코드는 동일하다.

Tips. QR코드는 미리 캡처하거나 출력해두자!

일본 입국 심사 시 종종 겪는 일이 바로 로밍이나 유심/이심 데이터에 문제가 생겨 비지트 재팬 웹사이트나 애플리케이션이 열리지 않는 경우다. QR코드는 반드시 미리 캡처해서 휴대폰에 저장하거나 하드 카피로 출력해놓자.

08 짐 싸기

항공사, 좌석 등급에 따라 수하물 허용 기준이 다르다. 후쿠오카 노선은 저비용 항공사가 많이 취항하므로 위탁 수하물과 휴대 수하물의 무게와 개수를 더욱 꼼꼼하게 확인하자.

Check List

여권 및 항공권 ☐

항공사의 애플리케이션/홈페이지를 통해 온라인 체크인을 하면 카카오톡이나 문자로 모바일 탑승권이 전송된다.

각종 서류 ☐

여권 복사본, 여권 사진, 숙소 바우처, 교통수단 예약 확인서, 비지트 재팬 웹의 QR코드 캡처본이나 출력물, 국제 운전면허증 등.

현지 화폐와 신용 카드 ☐

트래블 카드를 주로 이용한다면 환전은 최소한만 해도 된다. 신용·체크 카드는 2장 이상 준비.

의류와 신발 ☐

여벌 옷이 필요한 경우 현지에서 쇼핑해도 좋다.

모자, 선글라스, 양산 ☐

양산은 후쿠오카의 백화점 1층 잡화 매장, 로프트, 핸즈 등의 잡화점에서 구매 가능하다.

화장품 ☐

땀을 많이 흘리는 사람은 현지에서 쿨링 티슈 등을 구매하면 유용하다.

세면도구 ☐

대부분의 호텔 객실에 샴푸, 린스, 보디 워시, 핸드 워시는 기본으로 준비되어 있다.

비상 약품 ☐

감기약, 지사제, 소화제, 모기 기피제 등. 특히 아이가 있는 집은 평소 먹이던 해열제 등을 챙겨가자.

전자제품 ☐

일본은 100V를 사용하기 때문에 여행용 변압기를 꼭 챙겨야 한다. 카메라, 충전기, 멀티탭도 많이 챙겨가는 아이템. 한국에서 사용하던 '고데'(특히 다이슨 에어랩)는 100V 변압기를 써도 일본에서 사용할 수 없다.

포켓 와이파이 or 심 카드 ☐

Guide 02

더 편하고 유용하게, 일본 여행 애플리케이션

01 길 찾기 : 구글 지도

02 번역 : 구글 번역·파파고

03 차량 호출 : 카카오택시·우버

04 대중교통 : 마이 루트

05 카드·환전 : 트래블 카드 관련 애플리케이션

06 안전 : 세이프티 팁스

* 책 속 애플리케이션 다운로드 : 구글 플레이스토어, 애플 앱스토어

추천 애플리케이션

01 길 찾기 :

구글 지도

Google Maps

일본 국내에서만 사용하는 지도 애플리케이션이 더 정확하지 않을까 싶지만 일본인도 구글 지도로 길을 찾는다. 시내버스의 예상 도착시간도 거의 정확하고 교통 통제 상황 등에 대한 업데이트도 빠르다. 사용 방법 역시 익숙하고 간단하다.

04 대중교통 :

마이 루트

My Routes

한국어를 지원하는 게 장점이지만, 외국어로 이용할 땐 기간 한정 특별 프로모션 티켓 정보를 볼 수 없다는 단점이 있다.

· 주요 기능 : 후쿠오카 시내 1일 프리 승차권»p.216 구매, 길 찾기 등

02 번역 :

구글 번역·파파고

Google Translate·Papago

손 글씨로 쓴 메뉴판은 번역이 안 되지만 거의 모든 상황에서 유려하게 번역한다. 일본어를 한국어로 번역할 경우 파파고가 좀 더 자연스러운 한국어로 번역해준다.

05 카드·환전 :

트래블 카드 관련 애플리케이션

Credit·Debit Card

충전식 선불 카드 트래블월렛, 트래블로그, 쏠트래블, 토스뱅크 체크카드 등 트래블 카드, 외화 계좌와 연동된 애플리케이션은 반드시 한국에서 회원 가입과 본인 인증을 마쳐야 사용할 수 있다.

03 차량 호출 :

카카오택시·우버

Kakao Taxi·Uber

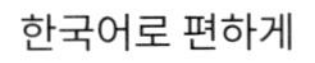

한국어로 편하게 택시를 호출할 수 있다. 이용 방법은 카카오택시·우버 이용법»p.220 참고.

06 안전 :

세이프티 팁스

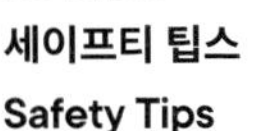

Safety Tips

일본 정부에서 외국인 여행자를 위해 만든 애플리케이션. 지진 정보부터 기상 정보, 분화 정보, 대피 정보, 의료기관 정보 등 유용한 내용을 알기 쉽게 제공한다. 한국어가 지원된다.

Guide 03

출국부터 다시 입국까지,
실전 후쿠오카 여행

01 | 한국에서 후쿠오카 공항으로

Step 01 탑승 수속 및 수하물 위탁

항공사 웹사이트나 애플리케이션에서 미리 온라인 탑승 수속(온라인 체크인)을 한 경우, 위탁 수하물 여부에 따라 다음 과정을 따른다.

- 온라인 탑승 수속 완료, 위탁 수하물이 없는 경우 → **출국장으로 이동**
- 온라인 탑승 수속 완료, 위탁 수하물이 있는 경우 → **항공사 카운터에서 수하물 위탁**
- 온라인 탑승 수속 미진행 → **항공사 카운터에서 탑승 수속과 수하물 위탁**

Step 02 환전과 로밍, 여행자 보험 처리

출국장으로 이동하기 전, 미리 처리하지 못한 환전과 로밍, 여행자 보험 가입을 진행한다.

Step 03 출국장으로 이동, 보안 검색

출국장 입구에서 보완요원에게 여권과 항공권을 보여준다.

Step 04 출국 심사

주민등록증을 소지한 대한민국 국민이면 사전 등록 없이 자동 출입국 심사대를 이용할 수 있다. 만 7세 미만은 이용할 수 없다. 여권 스캔 후 입구 문이 열리면 지문인식기와 카메라 안면인식기를 차례로 사용.

Step 05 면세점 쇼핑 및 비행기 탑승

면세점 쇼핑을 마쳤다면 탑승 최소 30분 전에 탑승 게이트로 이동한다.

후쿠오카 공항에 취항하는 항공사

출발지(공항)	항공사
인천 공항	대한항공, 아시나아항공, 제주항공, 진에어, 티웨이항공, 에어부산, 이스타항공, 에어서울
김해 공항	대한항공, 아시아나항공, 제주항공, 진에어, 에어부산
대구 공항	티웨이항공
청주 공항	티웨이항공

Tips. 인천 공항 스마트패스

일부 게이트에서 여권과 항공권 검사 대신 안면인식 정보로 출국 절차를 밟는 스마트패스 서비스를 이용할 수 있다. '인천 공항 스마트패스' 앱 다운 후 정보 입력.

Tips. 사전 등록 대상 국민

- 만 14세 이상 주민등록증 미소지자 : 사전 등록 후 이용
- 만 7세 이상~만 14세 미만 : 법정 대리인과 동반해 사전 등록 후 이용
- 사전 등록 장소(인천 공항) : 제1터미널 3층 H카운터 맞은편 자동 출국 심사 등록 센터, 제2터미널 2층 출입국 서비스 센터

Tips. 부산에서 선박으로 출국!

뉴카멜리아호는 저녁 늦게 부산항을 출발해 이른 아침에 후쿠오카에 도착하며, 약 9시간이 소요된다. 돌아오는 배의 경우 약 6시간 소요.

뉴카멜리아호

부산항 출항(22:30)-하카타항 하선(07:30). 하카타항 출항(12:30)-부산항 하선(18:30)

koreaferry.kr

02 후쿠오카 공항으로 입국

Step 01 공항 도착, 입국 심사

비행기에서 내려 '도착(Arrival)' 사인을 따라 입국 심사대로 간다. 미리 등록한 비지트 재팬 웹의 QR코드를 스캔하거나 종이 입국 심사서를 여권과 함께 제시한다. 양쪽 검지의 지문을 스캔하고 얼굴 촬영까지 마치면 끝. 간단한 인터뷰를 진행하기도 한다.

Step 02 수하물 찾기

전광판에서 수하물 수취대의 번호를 확인하고 이동해 짐을 찾는다.

Step 03 세관 신고

세관 신고 키오스크에 여권과 비지트 재팬 웹의 QR코드를 스캔한다. 비지트 재팬 웹에 등록하지 못했다면 비치된 종이 휴대품·별송품 신고서를 작성해 제출한다.

Step 04 입국장으로 이동(국제선 터미널 1층)

입국장을 나서면 국제선 터미널 1층이다. 후쿠오카 공항 국제선 터미널은 현재 리모델링 공사 중이지만 길 안내는 잘되어 있어 헷갈릴 일은 없다. 후쿠오카 시내로 가는 지하철을 타려면 1층 밖에서 셔틀버스를 이용해야 한다.

국제선 터미널 주요 층별 안내

층수	주요 시설
4	음식점, 전망대
3	출국장
2	공사 중
1	입국장, 관광 안내소(08:00~21:30), 산큐패스 창구, 버스·택시 정류장

후쿠오카 공항

일본에서 도심과의 접근성이 가장 좋은 공항이다. 국내선 터미널이 국제선 터미널보다 규모가 크며, 국제선 터미널은 2025년 3월 준공을 목표로 증개축 공사 중이라 일부 시설은 이용할 수 없다.

www.fukuoka-airport.jp

03 후쿠오카 공항에서 시내로

❶ 공항 무료 셔틀버스+지하철

Step 01 국제선 터미널 1층 외부로 이동

'国内線連絡バス'(한국어로 '순환 버스'라고 함께 표기)라고 쓰인 표지판을 따라 터미널 1층의 북쪽 출구로 나간다.

Step 02 1번 버스 정류장으로 이동

공사 중인 구간을 지나 횡단보도를 건넌다. 정류장 1번에 줄을 서서 국내선 터미널로 가는 셔틀버스를 기다린다.

Step 03 셔틀버스 탑승

시내버스는 뒷문으로 타고 앞문으로 하차하지만 셔틀버스는 승하차 문이 정해져 있지 않다. 보통 뒷문 쪽 정차 위치의 줄이 더 긴데, 사람이 너무 많다면 앞문 쪽 정차 위치로 가서 타도 된다.

Tips. 국내선 터미널행 무료 셔틀버스 정보

· 승차 위치 : 국제선 터미널 1층 1번 정류장

· 소요시간 : 10분 / · 운행시간 : 첫차 06:17, 막차 23:21(배차 간격은 평균 6~7분)

Step 04 국내선 터미널 정류장 하차

셔틀버스는 국내선 터미널 1번 정류장에서 정차한다. 정류장 바로 앞에 지하철역 입구가 보인다.

Step 05 쿠코선 지하철 개찰구로 이동

지하철역 입구를 통해 지하로 내려가면 지하철 개찰구가 보인다. 티켓 발매기에서 승차권을 구매하거나 IC 카드를 충전한다.

Step 06 후쿠오카쿠코역에서 지하철 승차

지하철은 공항에서 시내로 가는 가장 저렴하고 편리한 방법이다. 쿠코선(공항선)의 후쿠오카쿠코역(福岡空港)에서 도심인 하카타, 나카스, 텐진, 오호리 공원까지 환승 없이 5~15분이면 갈 수 있다.

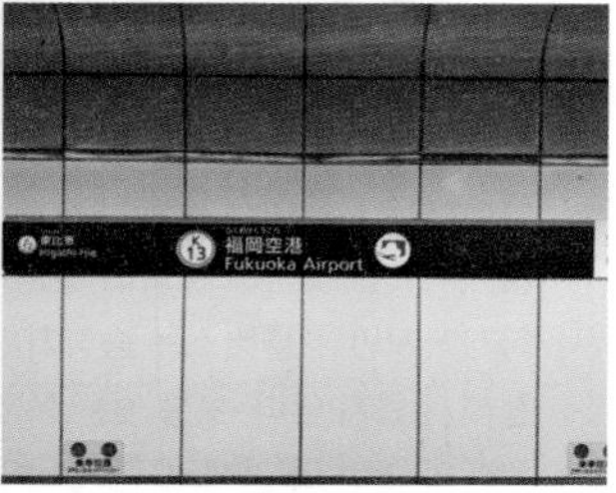

❷ 공항버스

국제선 터미널 1층 4번 정류장에서 하카타 버스 터미널로 가는 버스와 다자이후, 라라포트 후쿠오카로 가는 버스를 탈 수 있다. 2번 정류장에선 벳푸행 고속버스, 3번 정류장에선 유후인행 고속버스가 출발한다.

Tips. 공항버스 이용 팁

- 트래블월렛, 트래블로그 등 트래블 카드로 요금을 낼 수 있다. 시내버스는 불가능하다.
- 공항을 오가는 버스는 시내버스와 구조가 똑같아서 짐을 놓을 공간이 부족하고, 승객이 많으면 서서 갈 수도 있다.

후쿠오카 공항 ••••••• 공항버스 20분, ¥310 •••• ▶ **하카타 버스 터미널**

🚶 (하카타행) 국제선 터미널 1층 4번 정류장, (공항행) 하카타 버스 터미널 1층 11번 정류장

🕓 08:00~20:45, 배차 간격 평균 10~15분

❸ 택시

국제선 터미널 1층 북쪽 출구로 나가면 택시 정류장이 보인다. 택시가 줄지어 서 있어 찾기 쉽다. 우버나 카카오택시 애플리케이션을 이용해 미리 택시를 부른 경우, 분홍색 택시 마크를 따라가면 예약 택시 승차장이 나온다.

후쿠오카 공항 국제선 터미널 •••10~15분, ¥1,500~2,000 •• ▶ **하카타역**

04 후쿠오카 시내 교통

후쿠오카 대중교통 이용

후쿠오카에선 버스와 지하철에 한국어 안내가 매우 잘되어 있어 역이나 정류장의 일본어 발음과 표기를 몰라도 큰 어려움 없이 이용할 수 있다. 대중교통을 이용할 때마다 요금을 계산하는 게 번거롭다면 충전식 IC 교통 카드를 구매하자. 후쿠오카의 교통 카드인 하야카켄 외에도 일본 다른 지역에서 구매한 스이카, 이코카 등의 IC 교통 카드도 후쿠오카에서 사용할 수 있다.

Tips. 후쿠오카에서 이용할 수 있는 IC 카드

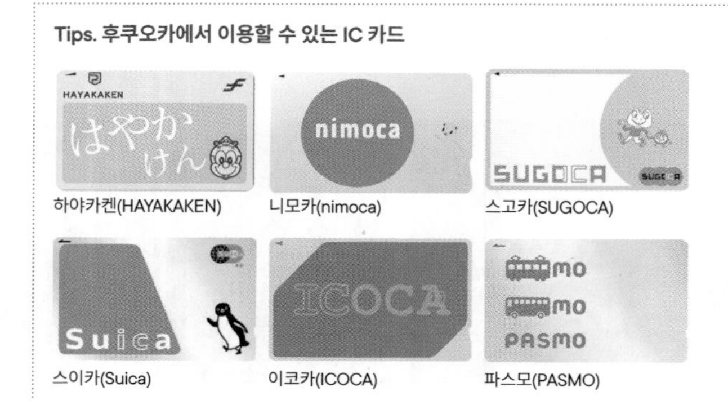

하야카켄(HAYAKAKEN) 니모카(nimoca) 스고카(SUGOCA)
스이카(Suica) 이코카(ICOCA) 파스모(PASMO)

시내버스

후쿠오카를 여행할 때 자주 이용하게 되는 교통수단. 지하철이 가지 않는 시내 구석구석까지 노선이 촘촘하게 연결되어 있다. 교통 체증으로 인한 지연이 없는 건 아니지만 정류장에 붙어 있는 시간표대로 운행하며, 구글 지도로 길 찾기를 했을 때 도착시간도 정확한 편이다.
하카타역, 텐진역, 야쿠인역에 걸친 구역에서는 어느 버스를 타든 구역 내에선 요금이 동일하다.

일반 ¥210~, 초등학생 ¥110~/하카타역-텐진역-야쿠인역 구간 일반 ¥150, 초등학생 ¥80

Tips. 후쿠오카 시내 1일 프리 승차권 福岡市内1日フリー乗車券

종이 승차권은 후쿠오카 시내의 버스 터미널, 니시테츠 버스 정기권 판매소 등에서 판매하며, 이용 당일 후쿠오카 시내버스를 무제한으로 탈 수 있다. 성인 1명당 초등학생 1명이 무료라서 가족 단위 여행자에게 특히 추천한다. 마이 루트 애플리케이션으로 구매할 경우 이용 당일이 아닌 개시한 순간부터 24시간 승차할 수 있어 더욱 경제적이다.

일반 ¥1,200, 초등학생 ¥600/ 앱 승차권 일반 ¥1,100, 초등학생 ¥550
www.nishitetsu.jp/bus/jyousha/cityfree

시내버스 이용 방법

Step 01 버스 뒷문으로 승차

후쿠오카 버스는 뒷문으로 타고 앞문으로 내리면서 요금을 낸다.

Step 02 교통 카드 태그 혹은 정리권 수령

IC 카드는 단말기에 태그한다. 현금으로 요금을 낼 예정이라면 주황색 기계에서 숫자가 쓰인 종이인 정리권을 뽑는다.

Step 03 정류장 확인

버스 앞 유리 위쪽 모니터를 통해 내릴 정류장을 확인한다.

Step 04 하차 준비

하차 벨을 누른다. 버스가 정차한 후 일어난다.

Step 05 버스 앞문으로 하차

버스 앞문으로 이동한다. 모니터에 나온 숫자를 보고 정리권과 요금을 함께 통에 넣는다. IC 카드는 기기에 태그한다. 산큐패스는 기사에게 보여주고 정리권만 통에 넣는다.

Tips. 거스름돈을 주지 않는다고?

거스름돈이 나오지 않으니 잔돈을 준비해야 한다. 요금함 옆 동전 교환기에서 직접 잔돈으로 교환한다. 지폐는 ¥1,000짜리만 들어간다.

지하철

후쿠오카에는 쿠코선(空港線), 하코자키선(箱崎線), 나나쿠마선(七隈線), 3개의 노선이 있다. 배차 간격이 짧고 역 간 소요시간도 보통 1~2분 정도. 우리나라의 지하철과 이용 방법이 동일하다.

1회권 일반 ¥210~380, 초등학생 ¥110~190, 1일 승차권 일반 ¥640, 초등학생 ¥320

Tips. 후쿠오카 지하철 이용 팁

승차권 발급 및 요금 결제

지하철에 비치된 승차권 자동 발매기는 한국어 지원이 되며, 충전식 IC 교통 카드 '하야카켄'도 자동 발매기에서 판매한다. 트래블월렛, 트래블로그 등 한국에서 발급받은 트래블 카드로도 요금을 낼 수 있다.

가족 여행자에게 추천! 초등학생 지하철 할인권

- **패밀리페어권(ファミリーペア券, ¥800)** : 하루 동안 성인 1명과 초등학생 1명이 함께 사용 가능.
- **패미치카킷푸(ファミちかきっぷ, · ¥1,000)** : 하루 동안 성인 2명과 초등학생 인원 제한 없이 함께 사용 가능.
- **초등학생 ¥100 패스(小学生100円パス)** : 주말과 공휴일, 봄방학, 여름방학, 겨울방학에 판매.

택시

택시 정류장은 공항, 역 앞에 있다. 길가에서 손을 들어 빈 택시를 잡아탈 수 있는데, 택시 뒷문은 자동문이니 직접 열지 말고 문이 열릴 때까지 기다린다. 최근엔 운전석 뒤에 달린 모니터를 이용해 신용 카드, IC 교통 카드, 각종 페이 등으로 결제할 수 있는 택시가 많아졌다.

기본요금 보통 차량 1,064m까지 ¥670/ 추가 운임 268m마다 ¥80(시속 10km 이하 주행 시 1분 40초마다 ¥80)

Tips. 택시 호출 애플리케이션

택시 호출 애플리케이션을 이용하면 호출 비용이 추가되지만 쿠폰, 프로모션 코드 등을 사용해 요금 할인을 받을 수 있어 길가에서 잡아탈 때보다 경제적인 경우도 있다.

- **카카오택시(Kakao Taxi)** : 한국에서 사용하던 방식 그대로 사용 가능.
- **우버(Uber)** : 한국에서 애플리케이션을 다운받고 본인 인증을 완료해야 일본에서 이용할 수 있다. 프로모션 코드가 자주 발급되는 편.
- **고(タクシーアプリGo), 디디택시(DiDiタクシー)** : 일본에서 만든 택시 호출 애플리케이션.

05 | 근교도시로 이동

JR

JR 하카타역에서 유후인, 벳푸, 모지코(고쿠라)로 가는 열차를 탈 수 있다. 하카타에서 유후인과 벳푸를 오갈 땐 특급 열차인 유후인노모리와 소닉 열차를 탈 수 있고, JR 큐슈 공식 홈페이지로 미리 예약하면 매표소에서 구매할 때보다 요금이 저렴하다. 하카타와 모지코를 오가는 열차는 별도의 예약이 필요 없다. 탑승 당일 매표소에서 표를 사거나 IC 카드로 요금을 지불한다. 외국인 여행자를 위한 철도 패스인 JR 큐슈레일패스를 이용하면 교통비를 절약할 수 있다.

니시테츠 전철 西鉄電鉄

후쿠오카 시내에서 다자이후로 갈 때 이용한다. 텐진오무타선(天神小牟田線), 다자이후선(太宰府線), 카이즈카선(貝塚線), 아마기선(甘木線), 4개의 노선이 있다. 이 가운데 다자이후로 갈 때 이용하는 노선은 텐진오무타선과 다자이후선이다. 미츠코시 백화점 2층에 자리한 니시테츠후쿠오카(텐진)역은 후쿠오카 도심에서 JR 하카타역 다음으로 붐비며 텐진오무타선의 기점이자 종점이다. IC 카드, 트래블월렛이나 트래블로그 등의 트래블 카드로 요금을 결제할 수 있다.

06 실전! 카카오택시·우버 이용법

일본에서 카카오택시 타기

해외에서 택시를 탈 땐 혹시나 요금 바가지를 쓰면 어쩌지, 길을 돌아가면 어쩌지 등의 걱정을 하게 된다. 그럴 때 유용하게 사용할 수 있는 게 바로 택시 호출 애플리케이션.
카카오택시의 가장 큰 장점은 한국에서 이용하던 그대로 한국어로 이용할 수 있다는 것. 단점은 일본에서 만든 택시 애플리케이션보다 배차가 느리고, 운행요금 외에 중개 수수료가 붙는다는 점이다.

Step 01 애플리케이션 실행

카카오택시 애플리케이션을 실행한 후 '여행' 항목으로 들어가 '차량호출'을 선택한다.

Step 02 출발지 설정

지도상의 내 위치를 확인하고 출발지를 설정한다. 내 위치는 자동으로 검색되지만 정확한지 반드시 확인해야 한다.

Step 03 도착지 설정

도착지를 검색해 설정한다. 구글 지도에 한국어로 등록된 명소는 한국어로 검색해도 나온다.

Step 04 택시 호출

출발지, 도착지를 확인하고 '호출하기'를 누른다. 주의사항을 확인하면 호출 화면으로 넘어간다.

Step 05 택시 탑승
배차가 되면 차량 번호, 탑승 확인 번호를 볼 수 있다.
탈 때는 기사가 탑승 확인 번호를 확인하기도 한다.

05. 탑승

Step 06 이동 및 도착
주행 중에 도착 예정 시간, 주행 경로, 예상 요금을
확인할 수 있다.

06. 도착

Step 07 결제
목적지에 도착하면 등록한 신용 카드로 자동
결제된다.

07. 결제

Step 08 짐 챙기기
택시 트렁크에 짐을 실었다면 기사가
문을 열 때까지 기다린다.

일본에서 우버 타기 : 할인 코드 등록

기본적인 이용 방법은 카카오택시와 같다. 우버 또한 카카오택시처럼 한국어 지원이 되어 편하다. 우버는 추천 코드, 프로모션 코드 등을 자주 발급한다. 할인 코드는 매월 달라지므로 포털 사이트에서 '우버 *월 할인 코드'로 검색 후 직접 입력해서 내 계정에 미리 등록해놓자.

Step 01 우버 애플리케이션 실행
우버 애플리케이션을 실행한 후
'계정' 항목을 선택한다.

Step 02 할인 코드 등록
'지갑' 항목을 선택한다. 하단의 프로모션
코드 추가, 추천 코드 추가를 선택해
코드를 등록한다.

Step 03 할인 코드 사용
내 계정에 등록된 할인 코드는 요금을 결제할 때
자동으로 적용, 할인된다.

Tips. 출국 전에 미리!
택시 호출 애플리케이션은 출국 전에 한국에서 꼭 회원 가입, 본인 인증, 신용 카드 등록까지 마쳐야 일본에서 사용할 수 있다. 일본에 도착해서는 별도의 지역 설정 등을 할 필요 없이 바로 쓸 수 있다.

07 큐슈 여행 교통 패스

교통 패스의 종류

유후인, 벳푸, 모지코 등의 근교 도시는 후쿠오카 여행을 더욱 다채롭게 만든다. 하지만 고속버스나 열차를 타고 편도 2시간 이상 이동하기 때문에 교통비가 만만치 않게 든다.

근교 여행 교통비를 줄여주는 교통 패스의 양대 산맥으로, 산큐패스와 JR 큐슈레일패스가 있다. 그러나 무조건 패스가 이득은 아니다. 몇 곳의 도시를 갈지 결정한 뒤 개별적으로 승차권을 끊었을 때와 패스를 샀을 때의 가격을 비교해보고 결정하자.

목적지와 교통수단에 따른 패스 구매

목적지	이동 방법	패스 구매 여부
유후인	열차	X
유후인	고속버스	후쿠오카 시내-유후인을 왕복하고 시내버스를 탄다면 산큐패스 북큐슈 2일권이 이득
벳푸	열차	X
벳푸	고속버스	후쿠오카 시내-벳푸를 왕복하고 시내버스를 탄다면 산큐패스 북큐슈 2일권이 이득
유후인, 벳푸	열차	JR 큐슈레일패스 북큐슈 3일권이 이득
유후인, 벳푸	고속버스	산큐패스 북큐슈 2일권·3일권이 이득, 전큐슈 3일권이 이득
모지코	열차	X
유후인, 벳푸, 모지코	열차	JR 큐슈레일패스 북큐슈 3일권이 이득
다자이후, 유후인, 벳푸	버스	산큐패스 북큐슈 2일권·3일권이 이득, 가고시마·미야자키 등 큐슈 남부 지역까지 여행할 예정이면 전큐슈 3일권이 이득

산큐패스 SUNQパス

큐슈 전 지역에서 사용 가능한 전큐슈, 북부 지역에서 사용 가능한 북큐슈, 남부 지역에서 사용 가능한 남큐슈 패스가 있다. 해당하는 지역 내에서 고속버스(도시 간 이동), 시내버스를 자유롭게 탑승할 수 있다. 모지코-카라토 페리도 산큐패스로 탈 수 있다. 이 중에서 후쿠오카 시내, 다자이후, 유후인, 벳푸, 모지코에서 사용할 수 있는 패스는 전큐슈, 북큐슈 패스이며 특히 북큐슈 패스가 경제적이다.

일정과 용도에 따른 산큐패스 구매

패스 종류	이용 지역	가격(공식 홈페이지 기준)
북큐슈 2일권	후쿠오카현(다자이후, 모지코), 오이타현(유후인, 벳푸) 등	¥6,000, 한국 내 대행사에서만 구매 가능, 일본 현지에서 구매 불가능
북큐슈 3일권		¥9,000
전큐슈 3일권	큐슈 전 지역	¥11,000
전큐슈 4일권		¥14,000
판매처	산큐패스 공식 홈페이지(www.sunqpass.jp/kr), 한국 내 대행사 홈페이지	
실물 패스 교환처	후쿠오카 공항 국제선 터미널 1층, 니시테츠 텐진 고속버스 터미널, 하카타 버스 터미널	

산큐패스 이용 방법

① **한국에서 미리 구매** : 공식 홈페이지나 일본 내 판매처보다 한국의 대행사 가격이 더 저렴하다. 특히 북큐슈 2일권은 일본에서는 구매할 수 없으니 미리 준비하자.

② **패스 수령** : 일본에 도착해 실물 패스를 수령한다. 북큐슈 2일권은 외국인 여행자에게만 판매하는 상품이라 수령할 때 여권을 확인한다.

③ **패스 시작 날짜 지정** : 수령할 때 사용 시작 날짜를 지정하면 직원이 날짜 도장을 찍어준다.

④ **고속버스 예약** : 후쿠오카에서 유후인 또는 벳푸로 가는 고속버스는 예약 필수. 실물 패스로 교환하기 전에 예약할 수 있고, 결제 방법은 '창구 또는 버스 내 결제'를 선택하면 된다.

⑤ **고속버스 승차권 수령** : 버스 터미널 창구에서 예약 내역과 산큐패스를 보여주고 고속버스 승차권을 받는다.

⑥ **고속버스 승차** : 산큐패스로 탑승 가능한 버스의 앞 창문과 뒷문 옆에 산큐패스 스티커가 붙어 있다.

⑦ **시내버스 승차** : 시내버스처럼 예약이 필요 없는 교통수단에선 내릴 때 산큐패스를 보여준다.

⑧ **패스 이용 날짜 계산** : 산큐패스는 연속된 날짜로 사용일이 계산된다(3일권을 1월 1일에 사용하기 시작했다면 1월 3일까지 사용 가능). 북큐슈 2일권만 비연속으로 사용할 수 있다.

⑨ **분실 시 재발급 불가**

JR 큐슈레일패스 JR KYUSHU RAILPASS

큐슈 전 지역에서 사용 가능한 전큐슈, 북부 지역에서 사용 가능한 북큐슈, 남부 지역에서 사용 가능한 남큐슈 패스가 있다. 이 중에서 유후인, 벳푸, 모지코에 가려면 북큐슈 패스가 유용하다. 해당 지역에서 JR의 보통 열차, 특급 열차, 신칸센(하카타역-고쿠라역 구간 제외)을 자유롭게 탈 수 있고 지하철과 사철은 해당하지 않는다.

일정에 따른 JR 큐슈레일패스 구매

패스 종류	이용 지역	가격 (JR 큐슈 홈페이지)	가격 (역 매표소, 대행사)
북큐슈 3일권	후쿠오카현(다자이후, 모지코), 오이타현(유후인, 벳푸) 등	¥11,000	¥12,000
북큐슈 5일권		¥14,000	¥15,000
판매처	JR 큐슈 공식 홈페이지(www.jrkyushu.co.jp/korean), 한국 내 대행사 홈페이지		
실물 패스 교환처	하카타역, 유후인역, 벳푸역, 고쿠라역, 모지코역		
유의 사항	만 6~11세의 요금은 성인 요금의 50%이며 5세 이하는 무료. 단, 지정석 이용 시에는 어린이 요금에 해당하는 패스 또는 승차권 구매.		

JR 큐슈레일패스 이용 방법

① **JR 큐슈레일패스 판매 대상** : JR 레일패스는 일본에 단기 체류하는 외국인 여행자만 사용할 수 있다. 일본에서 실물 패스를 수령할 때는 여권, 바우처, 결제한 신용 카드가 필요하다.

② **패스 이용 날짜 계산** : 레일패스는 연속된 날짜로 사용일이 계산된다.

③ **인기 구간 예약은 미리** : 몇몇 구간은 반드시 사전 예약해야만 탈 수 있다. 한국에서 예약하고 가는 걸 추천한다.

④ **예약 수수료** : JR 매표소에서 열차를 예약하면 수수료가 없으며, 홈페이지에서 예약하면 열차 종류에 따라 수수료(유후·소닉·큐슈신칸센 ¥1,000, 유후인노모리 ¥1,500)가 붙는다.

⑤ **좌석 지정 가능 횟수** : 북큐슈 패스를 사용할 경우 좌석 지정은 6회까지 가능하다.

⑥ **분실 시 재발급 불가**

08 | 코인 로커 사용법

JR 하카타 시티 코인 로커

유동 인구가 많은 JR 하카타 시티에는 구석구석에 코인 로커가 있다. 역 내 코인 로커는 사용 방법이 동일하다. 백화점, 쇼핑몰 등에서 운영하는 코인 로커는 사용 방법이 조금씩 다르지만 한국어 안내가 잘되어 있다.

아뮤 플라자 하카타의 코인 로커

① **위치** : 9~10층 식당가 층마다 각각 세 곳의 코인 로커가 있다.
② **요금** : 3시간까지 무료 사용 가능. 12시간마다 요금 부과. 대형 사이즈엔 28인치 슈트 케이스도 들어간다. 소형(S) ¥500, 중형(M) ¥600, 대형(L) ¥700
③ **운영시간** : 10:00~23:00/ 최초 72시간 사용 가능하며 이후엔 강제 개방 후 별도 보관.
④ **유의 사항** : 인기가 많아 오전 11시만 되어도 빈자리를 찾기 힘드니 이른 시간에 방문할 것. 보증금 ¥100이 필요한데 동전 교환기는 각 층에 1대씩밖에 없으니 미리 준비하자.

JR 하카타역의 코인 로커

① **위치와 운영시간** : JR 하카타역 내외부, 역과 연결된 빌딩에 코인 로커가 다수 있다. 역과 연결된 빌딩의 코인 로커는 빌딩 개방 시간에 따라 운영시간이 달라진다.
② **하카타 출구 외부, 치쿠시 출구 외부** : 24시간 운영.
③ **역 구내 1층** : 가장 혼잡.
④ **역 2층, 하카타 버스 터미널** : 비교적 빈자리가 많은 편.

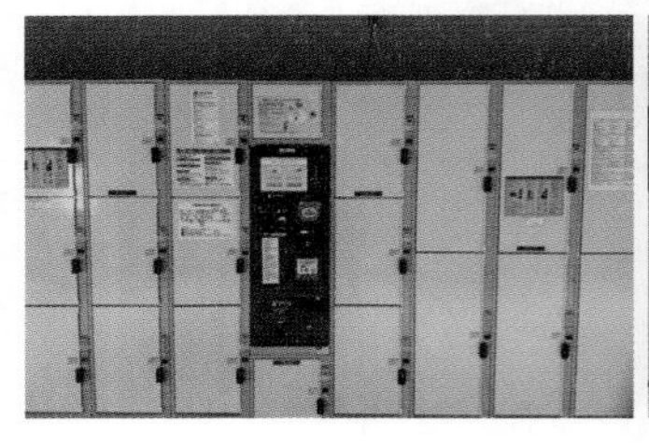
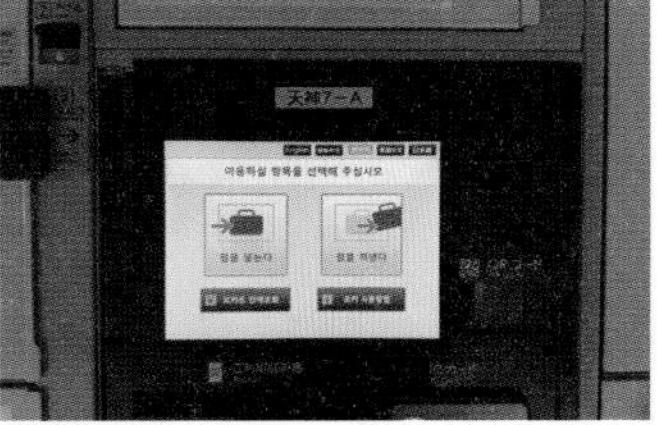

역 내 코인 로커 이용법

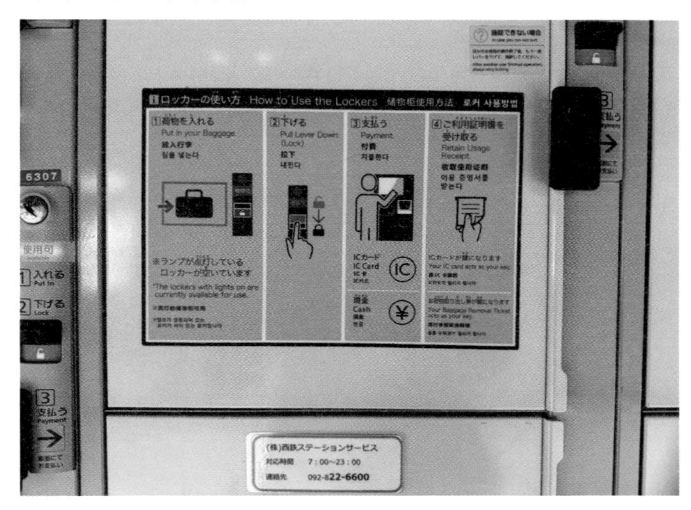

Step 01 빈 보관함에 짐 넣기

비어 있는 로커(초록색 램프 점등)에 짐을 넣고 잠금장치 레버를 내린다.

Step 02 키오스크로 결제

로커에 붙어 있는 키오스크(한국어 지원)를 이용해 요금을 낸다. 선불 충전형 교통 카드인 IC 카드로도 결제가 가능하다.

Step 03 결제 영수증 챙기기

결제하면 QR코드가 찍힌 영수증이 나온다. 짐을 찾을 때 필요하므로 잃어버리지 않도록 주의하자.

Step 04 짐 찾기

짐을 찾을 땐 키오스크에서 '짐을 꺼낸다'를 선택한 후 QR코드를 읽히면 로커가 열린다.

09 외국인 여행자를 위한 면세 혜택

외국인 여행자는 일정 금액 이상 구매하면 소비세(우리나라의 부가가치세)를 환급 받을 수 있다. 다만 모든 매장이 면세 제도를 운영하는 것은 아니며, 여러 가지 조건이 충족되어야 면세가 가능하다.

일반 물품과 소모품의 면세 제도

구분	일반 물품	소모품
종류	의류, 가방, 신발, 가전제품, 장난감 등	식료품, 의약품, 화장품, 담배, 주류 등
면세 구매 금액	동일 점포 1일 총 구매 금액 ¥5,000 이상(소비세 별도)	동일 점포 1일 총 구입 금액 ¥5,000 이상 ¥500,000 이하(소비세 별도)
요건	· 입국일로부터 6개월 이내에 일본에서 반출 · 특수 포장하지 않으며 일본 내 사용 가능	· 구매 후 30일 이내에 일본에서 반출 · 특수 포장하며 일본 내에서 사용 불가

면세 혜택 받는 법

① **'Japan Tax-free Shop' 마크 확인** : 면세 가능한 매장에는 보통 계산대, 입구 쪽에 안내 스티커가 붙어 있다.

② **면세 카운터 방문** : 한 점포 또는 백화점이나 쇼핑몰 등에서 ¥5,000 이상 구매한 후 면세 카운터를 방문한다. 일부 매장에서는 계산대에서 바로 면세 수속을 진행할 수 있다.

· 준비 사항 : 구매한 물품, 여권(원본, 입국 스티커 필수), 결제 신용 카드

③ **면세 카운터에서 소비세 환급** : 그 자리에서 바로 현금으로 소비세를 돌려준다. 수수료가 발생할 수 있다.

④ **개별 매장의 계산대에서 소비세 환급** : 처음부터 소비세가 빠진 금액으로 결제된다. 소모품은 지정된 봉투에 넣어 밀봉한 상태로 받는다. 일반 물품과 소모품을 합해 면세를 받을 땐 따로 포장이 필요한 경우 별도로 요청해야 한다.

⑤ **면세 조건** : 같은 매장에서 구매했더라도 구매 날짜가 다른 영수증은 합산 불가. 구매 당일 여권 원본이 있어야 면세 가능.

⑥ **환불과 교환** : 면세 받은 상품의 환불은 불가능. 교환은 매장 재량에 따라 가능.

⑦ **공항에서 세관 신고** : 출국할 때 공항에서 보안 검사를 마치면 세관이 나온다. 예전처럼 영수증을 제출할 필요는 없고 기계에 여권을 스캔한다.

Tips. 할인 쿠폰을 다운 받자!

'택스프리 숍스'라는 사이트에서 돈키호테, 빅카메라, 백화점, 드러그스토어 등의 외국인 여행자 전용 할인쿠폰을 모아서 보여준다.

taxfreeshops.jp/ko

10 | 후쿠오카 공항에서 한국으로

Step 01 탑승 수속 및 수하물 위탁

후쿠오카 공항 국제선 터미널의 출국장은 3층이다. 항공사 카운터에서 탑승 수속 및 수하물을 위탁할 경우 여권과 이티켓을 제시하자.

Step 02 보안 검사 및 세관 신고

출국장으로 이동해 보안 검사를 받으면 세관이 나온다. 쇼핑할 때 택스리펀을 받았다면 세관에서 여권을 스캔하고 출국 심사대로 이동한다.

Step 03 출국 심사

여행자라면 별다른 질문 없이 출국 도장을 찍어준다. 출국 심사를 마치면 면세 구역으로 이동한다.

Step 04 면세점 쇼핑 후 비행기 탑승

국제선 면세점은 그다지 넓지 않지만 명란젓, 돈코츠 라멘 밀키트 등 후쿠오카의 특산품을 구매할 수 있다. 항공사의 기내 수하물 규정을 고려해 쇼핑하고 탑승 게이트로 이동하자.

Tips. 여행 마무리는 면세점 쇼핑!

· 하야카켄 등 IC 카드로 결제가 가능하다. 잔액이 남았다면 면세점에서 탈탈 털어버리자.
· 야마야의 명란젓 튜브를 구매하면 아이스 팩을 무료로 제공한다. 로이스 초콜릿을 구매하면 보냉백(¥100) 구매 여부를 묻는다. 튼튼해서 여러 번 사용할 수 있으니 구매를 추천(여름에는 필수)한다.

Index
색인

Sightseeing

Food&Drink

Index
색인

Shopping

Index
색인